U0862403

仪器分析实验

主　编　陈怀侠
副主编　周　吉　黄建林　葛伊莉　党雪平

科学出版社
北　京

内 容 简 介

本书包括仪器分析实验的基础知识、基础性实验、综合性实验和设计研究性实验三部分内容。其中，基础性实验包括原子发射光谱法、原子吸收光谱法、原子荧光光谱法、紫外-可见分光光度法、分子荧光光谱法、红外光谱法、拉曼光谱法、电位分析法、库仑分析法、极谱分析法、伏安分析法、气相色谱法、高效液相色谱法和其他实验。最后以实际复杂样品分析为任务，编写了综合性实验和设计研究性实验。本书和仪器分析理论课内容密切相关，以仪器分析实验基础知识和基本操作训练为主线，注重实际样品的应用和研究能力的培养。

本书可作为综合性大学化学、药学、医学、生物、工学、农学、环境科学和材料科学及相关专业的实验教材和参考书。

图书在版编目(CIP)数据

仪器分析实验/陈怀侠主编. —北京：科学出版社，2017.6

ISBN 978-7-03-053875-8

Ⅰ. ①仪…　Ⅱ. ①陈…　Ⅲ. ①仪器分析–实验　Ⅳ. ①O657-33

中国版本图书馆 CIP 数据核字(2017)第 141139 号

责任编辑：丁　里/责任校对：张小霞
责任印制：赵　博/封面设计：迷底书装

科学出版社出版
北京东黄城根北街 16 号
邮政编码：100717
http://www.sciencep.com
固安县铭成印刷有限公司印刷
科学出版社发行　各地新华书店经销
*
2017 年 6 月第 一 版　开本：787×1092　1/16
2025 年 7 月第七次印刷　印张：12 1/2
字数：296 000

定价：49.00 元

(如有印装质量问题，我社负责调换)

前　言

仪器分析实验是化学、化学生物学、应用化学、化学工程与工艺、制药工程、生命科学、药学、材料科学、食品科学和环境科学等专业的重要基础课程。通过本课程的学习，学生能够加深对仪器分析理论课程知识的领悟，如加强对各类仪器分析方法的基本原理、特点和应用的理解，熟悉现代分析化学所涉及的各类仪器的基本构成和实验流程，掌握这些仪器的规范操作和实验技术，培养应用仪器分析的各种方法和技术解决化学及其相关学科领域中的科研和实际生产问题的能力，具备一定的科研素质和创新能力。

本书是按照教育部高等学校化学类专业教学指导委员会制定的《高等学校化学类专业指导性专业规范》中“化学类专业化学教学基本内容”要求，结合湖北大学分析化学专业教师多年来在该课程中积累的教学经验，并参考国内外相关教材编写而成。本书具有以下突出特点：①系统性：系统涵盖了原子光谱分析法、分子光谱分析法、电化学分析法、色谱分析法和其他分析方法，使学生系统掌握仪器分析实验内容，在实验课程学习中进行各方法的比较，培养学生对本学科知识的综合应用能力；②基础性：编写基础的理论知识，解决仪器分析实验课内容超前、难以和理论课内容同步的问题，同时保留最基础的实验内容，扎实培养学生实验动手的能力，加深对仪器分析方法基本原理和应用特点的理解；③前沿性：结合本学科的发展和本教学组教师的最新科研成果，编写部分新型实验项目，体现仪器分析内容的实用性，使学生在实验中了解学科发展前沿，提高学习兴趣；④创新性：设计创新型实验主要提高学生对本学科知识的综合应用能力，特别是分析问题和解决问题的能力，培养学生基本的科研创新意识。

本书由湖北大学化学化工学院长期从事仪器分析实验教学工作的教师共同编写而成，是集体智慧的结晶，是共同辛苦的成果。参与本书编写的教师有湖北大学陈怀侠、周吉、黄建林、葛伊莉和党雪平等，教材的整理和定稿工作由陈怀侠完成。在本书的编写过程中，得到了湖北大学化学化工学院王升富、叶勇、张修华、何瑜、文为、肖艳和贾莉等老师的帮助和支持，在此表示衷心的感谢。

感谢湖北大学化学国家特色专业建设项目、化学湖北省重点学科建设项目、化学生物学国家理科人才培养基地建设项目、湖北大学制药工程新专业建设项目和湖北大学现代分析化学课程群建设项目的经费资助。在本书编写过程中参考了相关的教材和资料，在此向这些教材和资料的作者表示衷心的感谢。同时，也感谢一直关心和支持本书出版工作的湖北大学化学化工学院的各位领导，以及科学出版社对本书出版工作的支持。

本书尽管进行了多次修改，但由于编者水平有限，不足之处在所难免，请读者批评指正。

编　者

2017 年 4 月

目　录

基础性实验

综合性实验和设计研究性实验

第1章　仪器分析实验的基础知识

1.1　实验室基本知识

1.1.1　仪器分析实验的基本要求

仪器分析实验是分析化学课程的重要内容，旨在加深学生对仪器分析方法基本原理的理解，了解仪器的基本构成，学会仪器的正确使用方法，熟悉仪器分析方法应用的实验过程，训练基本实验操作技能，以及实验数据的记录、处理和结果的表达，从而培养学生严谨务实和探求真理的科学态度，以及观察实验现象、思考问题和解决问题的基本科研素质。

为了保证教学效果，达到教学目的，需对仪器分析实验课程提出以下基本要求。

(1) 课前预习：因为仪器价格昂贵、占用面积大等，不可能购置很多台仪器备用，所以仪器分析实验通常是采用“小循环”方式进行教学。因此，实验内容和理论课内容无法同步，大部分学生的实验课内容超前，课前做好预习十分重要。课前要认真阅读实验项目所涉及的基本原理、实验步骤和数据处理方法等，特别是关键理论知识点和关键实验步骤等，这样才能在实验课中顺利完成预习题和正确回答实验指导教师的提问。课前预习时，要认真书写实验报告本中的实验项目名称、实验目的、实验仪器和试剂、实验操作步骤等内容。

(2) 认真听讲：实验指导教师在实验开始前会以PPT的形式讲授实验中的关键内容，包括重要的理论知识点、仪器的基本结构及正确操作方法、实验内容和步骤、数据处理方法和注意事项等。“小循环”实验以多人为一组，每位同学都要认真听讲，才能更好地理解实验内容，保证在实验过程中不出错。

(3) 细心操作：按照溶液和样品的配制要求及仪器规范操作步骤进行实验，勤于动脑、细心动手，严格控制实验条件，用心观察并记录实验现象与数据，从而掌握各种分析仪器的基本操作技能。同时，爱护仪器，注意实验室安全，包括各类实验药品(如强酸碱、有毒无机物、有毒有机物等)、水、电、气的使用安全。

(4) 提交报告：实验报告的书写既是仪器分析实验课程的训练目标之一，也是评价和考核学生成绩的一个组成部分。书写仪器分析实验报告应做到简明扼要、图表规范、干净整洁。书写实验目的、实验仪器和试剂、实验步骤等的主要内容，特别是数据处理部分要以表格和图形的形式展示实验结果。讨论部分可以分析实验过程的实验现象，书写实验感想，或者分析实验误差，探讨实验方案的改进意见等。

(5) 清理仪器：实验结束后，配合指导教师，清理实验台面和地面，清洗实验相关的仪器，按照规范操作步骤关闭实验仪器，保证实验室的整洁卫生，填写仪器使用记录本。

1.1.2 仪器分析实验的一般知识

1. 分析实验室用水

仪器分析实验均需要使用不同纯度的纯水。国家标准 GB/T 6682—2008《分析实验室用水国家标准》中指出，分析实验室使用的纯水规格有一级水、二级水和三级水，分别用蒸馏或离子交换柱纯化等方法制备，见表 1-1。

表 1-1 分析实验室用水的水质规格

名称	一级	二级	三级
pH 范围(25℃)	—	—	5.0～7.5
电导率(25℃)/(mS/m)	≤0.01	≤0.10	≤0.50
可氧化物质含量(以 O 计)/(mg/L)	—	≤0.08	≤0.4
吸光度(254 nm，1 cm 光程)	≤0.001	≤0.01	—
蒸发残渣(105℃±2℃)/(mg/L)	—	≤1.0	≤2.0
可溶性硅(以 SiO_2 计)/(mg/L)	≤0.01	≤0.02	—

其中，一级水用于有严格要求的分析实验，包括对颗粒有要求的实验，如高效液相色谱分析。二级水用于无机痕量分析等实验，如原子吸收光谱分析。三级水用于一般化学分析实验。所以，要根据实验要求和实验方法、仪器选择合适的纯水进行实验，而且各级用水要使用专用的密闭聚乙烯器皿盛装，一级水要现用现制，避免储存污染。

目前，实验室的纯水主要是去离子水和纯水仪制备的纯水。去离子水的制备是将自来水作为原水，通过阳离子交换树脂柱和阴离子交换树脂柱或混合交换柱除去常见阴、阳离子，一般可以达到二级水标准，但对有机物和非离子型杂质去除效果较差，使用时要考虑这些组分的影响。纯水仪制备的纯水有一级、二级和三级等，可以根据实验内容和要求进行选取。

2. 分析实验室用气

仪器分析实验室常用的气体一般是用钢瓶储存的高压乙炔、氮气、氢气、氧气和氩气等，无论是否易燃易爆，均要注意使用安全。

高压钢瓶使用注意事项如下：

(1) 不同的钢瓶外壁会用特定的颜色和标注气体名称，对应于盛装不同的气体，专瓶专用，不能混淆或混装，以保证用气安全。

(2) 钢瓶要远离火源及热源，运输过程中要直立固定，不能剧烈摇动或震动、撞击和滚动，轻取轻放，固定放置于干燥阴凉处的钢瓶专用柜中，要有漏气报警装置。

(3) 减压阀和钢瓶配套专用，安装时要将减压阀固定和检漏，开关时，注意规范操作，缓慢转动阀门，防止螺纹受损。

(4) 盛装可燃性气体的钢瓶要安装防回火装置，确保用气安全。

(5) 保持钢瓶的干净整洁，不可将油类或有机溶剂等易燃物沾污在钢瓶外壁或阀门处，不可用棉麻物品对阀门进行堵漏，防止燃烧事故。

(6) 在实验中，需要使用高压钢瓶提供气体时，注意钢瓶中的气体不要用完，要留有一定的残压，防止空气或气体进入钢瓶内，导致再次灌气时造成气体不纯或发生事故。一般钢瓶的残压规定为大于 0.05 MPa 的残留，对可燃性气体，如氢气和乙炔等，钢瓶的残压要求为大于 0.2 MPa，以避免再次灌气时发生危险。

3. 分析实验室用电

仪器分析实验一般包括样品的制备和仪器的测试两个部分，其中样品的制备可能会用到超声清洗仪、旋涡仪、干燥箱、电炉和纯水仪等，这些仪器都需要用电，而且不同的仪器需要不同的用电，有的仪器需要高压电源，所以实验过程中要注意用电安全。

按照要求，不同的仪器使用不同的电源，实验过程中不要到处走动，不要触动电源线和仪器的连接线，更不要把药品溶液泼洒到电源处或开关处，开关电源时，注意安全，不要用湿抹布或湿手触碰开关。

实验结束后，按照实验室的要求关闭开关和电源。

1.2　数据记录及处理

1.2.1　实验数据的读数及记录

(1) 分析化学中的有效数字：分析化学中的有效数字是指分析测量时仪器的读数，保留而且必须保留最后一位的可疑数字。所以，实验数据记录时要根据仪器的精度确定有效数字的位数，不能随意增加或减少有效数字的位数。在数据的计算过程中，首先确定数据的位数，根据“四舍六入五成双”的修约规则进行数据的整理，再进行计算。

(2) 实验数据的记录：仪器分析实验条件和数据的记录一般采用表格、图形或数值的形式。表格的形式能够精确地展示实验的原始数据，便于进行数据的核查和进一步的计算，简洁明了，但数据量大时，会占用较大的篇幅，而且数据变化的规律不易观察，同时要求规范表格的记录形式。用图形展示实验结果，实验结果十分直观，对实验数据的变化规律或组分的性质一目了然，而且同一图形中可以展示多条曲线，也可以二维或三维空间绘制图形，但可能无法观察到精确的实验数据或误差、偏差值。书写实验报告时，可以根据实验项目内容选择合适的记录方式，更好地呈现实验结果。数值表示法更加直观简练，特征性强，但不能呈现全部的原始数据。

1.2.2　实验数据的处理

仪器分析实验方法和仪器都会存在分析测量的误差，系统误差可以通过使用标准方法、标准试样进行对照实验或采用空白实验进行检出和去除，随机误差可以通过增加测量次数减少。

(1) 可疑值的取舍：实验结果的可疑数据不能随意舍去，可以进行可疑值的检验，之后进行取舍。可疑值的检验常用 Q 检验法和格鲁布斯(Grubbs)检验法。如果在测量次数较少时出现了可疑值，应增加一两次测量次数，再进行检验和取舍处理，以保证数据的准确性。

(2) 精密度的表示：实验数据的精密度以偏差的数据大小来表示，常用相对平均偏差($\overline{d}_r$)或相对标准偏差(RSD)表示仪器分析实验结果的精密度。

$$\overline{d}_r = \frac{\overline{d}}{\overline{x}} \times 100\% = \frac{\dfrac{\sum_{i=1}^{n}|x_i - \overline{x}|}{n}}{\overline{x}} \times 100\%$$

$$\mathrm{RSD} = \frac{s}{\overline{x}} \times 100\% = \frac{\sqrt{\dfrac{\sum_{i=1}^{n}(x_i - \overline{x})^2}{n-1}}}{\overline{x}} \times 100\%$$

(3) 回归分析法：除库仑滴定法、电位滴定法、光度滴定法和电重量分析法外，仪器分析法通常采用相对定量法进行定量分析，即进行标准溶液测试结果的线性回归处理，建立线性回归方程，获得相关系数 R 或 R^2，作为样品定量分析的对照依据。

一元线性回归方程可以用公式表示：$y = ax + b$，对应一条直线。实验结果通常是根据最小二乘法进行线性回归：

$$a = \frac{\sum_{i=1}^{n} y_i - b\sum_{i=1}^{n} x_i}{n} = \overline{y} - b\overline{x}$$

$$b = \frac{\sum_{i=1}^{n}(x_i - \overline{x})(y_i - \overline{y})}{\sum_{i=1}^{n}(x_i - \overline{x})^2}$$

$$R = b\sqrt{\frac{\sum_{i=1}^{n}(x_i - \overline{x})^2}{\sum_{i=1}^{n}(y_i - \overline{y})^2}} = \frac{\sum_{i=1}^{n}(x_i - \overline{x})(y_i - \overline{y})}{\sqrt{\sum_{i=1}^{n}(x_i - \overline{x})^2 \sum_{i=1}^{n}(y_i - \overline{y})^2}}$$

通常采用 Excel 或 Origin 软件进行数据的回归处理，获得线性方程和相关系数，根据样品分析数据依托线性方程进行样品结果的计算。实际上，现在很多仪器操作软件能够直接进行数据的线性回归处理和自动计算样品的结果，使仪器分析方法更加方便、快速、准确。

1.3　仪器分析定量分析方法

仪器分析最基本的任务是进行定量分析，除了绝对定量法，大部分仪器分析采用相对定量法，即建立仪器测量信号的直接数据或转换数据和分析物浓度或量之间的线性关系，通过样品中分析物的测量数据，获得定量分析结果。

仪器分析定量分析方法通常有校准曲线法(或称标准曲线法，大多数情况下采用工作曲线法)、标准加入法和内标法。其中，校准曲线法适用于样品数量多的分析工作，方便快速。标准加入法主要针对样品基质复杂、分析物含量低的样品分析，保证绘制曲线时的基质和实验条件与样品测试一致，准确度高，但分析速度较慢，适用于少量样品的分析测试。内标法是相对于校准曲线法而言的，在样品中添加固定量的内标物，用分析物和内标物响应信号的相对值和分析物的浓度或量之间的线性关系进行相对法定量，实现样品中被测物的分析。内标物的选择是内标法分析的关键，一般的选择原则是：①内标物和分析物的理化性质相似，最好是同系物；②内标物不干扰分析物的测试信号，也不被样品中其他组分干扰；③内标物的添加量和分析物的浓度相当。内标法主要是减少测量过程中放电条件、进样量大小等各类干扰因素造成的影响，有效提高方法的准确度。

基础性实验

第 2 章　原子光谱分析法

气态原子和离子的外层或内层电子能级的变化会产生线状的光谱吸收或光谱发射信号，依据光发射谱线的波长可以实现元素的定性分析，检测光发射或光吸收谱线的强度则可进行元素的定量分析，这些方法统称为原子光谱分析法。原子光谱分析法主要包括原子发射光谱法(atomic emission spectroscopy，AES)、原子吸收光谱法(atomic adsorption spectroscopy，AAS)、原子荧光光谱法(atomic fluorescence spectroscopy，AFS)和 X 射线光谱法(X-ray spectroscopy，XRS)等。

原子光谱分析法主要是进行元素分析，特别适用于金属元素的检测。原子光谱分析法分析无机元素的主要特点是灵敏度高、选择性好、精密度可达到 RSD 为 1%或 3%，适用于 70 多种元素的直接分析检测，在环境、地质、食品、药学、材料等学科领域得到十分广泛的应用。

2.1　原子发射光谱法

实验 1　原子发射光谱摄谱法定性分析金属或合金中的杂质元素

一、实验目的

(1) 学习原子发射光谱法的基本原理和定性分析方法。

(2) 掌握原子发射光谱法的电极制作、摄谱、冲洗感光板等基本操作。

(3) 掌握铁光谱比较法定性判别未知试样中所含杂质元素。

(4) 学会正确使用摄谱仪和投影仪。

二、方法原理

各种元素的原子被激发后，因原子结构不同，可发射许多波长不同的特征光谱谱线。因此，可根据特征光谱线是否出现来确定某种元素是否存在。但在光谱定性分析中，不必检查所有谱线，而只需根据待测元素两三条最后线或特征谱线组，即可判断该元素存在与否。元素的最后线是指当试样中元素含量降低至最低可检出量时，仍能观察到的少数几条谱线。元素的最后线往往也是该元素的最灵敏线。而特征谱线组往往是一些元素的双重线、三重线、四重线或五重线等，它们并不是最后线。例如，镁的最后线是 285.2 nm 一条谱线，而最易于辨认的却是在 277.6～278.2 nm 的五重线。显然，此五重线由于不是最后线，在低含量时，在光谱中不能找到。但由于特征谱线组易于辨认，当试样中某些元素含量较高时，就不一定依靠其最后线，而只用它的特征谱线组就足以判断了。表 2-1 列出了各元素在 228.0～460.0 nm 的重要分析线，供光谱定性分析时使用。但必须注意，判定某元素时，如果最后线不出现，而较次灵敏线反而出现，则可能是由其他元素谱线的干扰引起的。事实上，由于试样中许多元素的谱线波长相近，而摄谱仪及感光板的分辨率又有限，在记录到的试样光谱中，谱线会相互重叠，发生干扰。当需要确证某一元素的分析线是否受到干扰时，首先要判明干扰元素是否存在(检查干扰元素的最后线是否存在)。当一条分析线确实受到干扰时，可以根据其他分析线来确定该元素是否存在。

表 2-1 各种元素的重要分析线

元素	分析线波长/nm				元素	分析线波长/nm			
Ag	328.07	338.29			Na	330.23	330.30	(587.00)	(585.99)
Al	300.27	308.21	394.40	396.15	Nb	313.08	292.78	295.08	
As	228.81	234.98	278.02		Nd	430.36			
Au	242.80	267.60			Ni	305.08	341.48		
B	249.68	249.77			Os	290.91	305.87		
Ba	455.40	493.40			P	253.40	253.57	255.32	255.49
Be	234.86	313.04	313.11	332.13	Pb	283.31	280.20		
Bi	306.77	289.80			Pd	340.46	342.12		
C	247.86				Pr	422.30	422.53		
Ca	393.37	396.85	422.67		Pt	265.95	306.47		
Cd	228.80	326.11	340.37		Rb	420.19	421.56		
Ce	429.67	413.77			Re	346.05	345.19	346.47	
	340.51	345.35	346.58		Rh	343.49	332.31	339.69	
Cl	301.01				Ru	343.67	349.89	359.62	
Cr	425.44	427.48	428.97		Sb	252.85	259.81	287.79	
Cs	455.54	459.32	(852.11)	(894.35)	Sc	335.37	424.68		
Cu	324.75	327.40			Se	241.35			
Dy	313.54	389.85			Si	251.61	288.16		
Er	326.48				Sm	442.43	428.08		
Eu	272.79				Sn	284.00	286.33	317.50	
Fe	248.33	259.94	302.06		Sr	407.77	421.55	460.73	
Ga	294.36	287.42			Ta	268.51	271.47	331.12	
Ge	265.12	303.91	326.95		Tb	332.44	322.00		
Hf	263.87	264.14	277.34	282.02	Te	238.33	238.58	253.07	
Hg	253.65	365.02			Th	283.23	283.73	287.04	
Ho	342.54	345.60			Ti	308.80	334.90	337.28	
In	303.94	325.61			Tl	351.92	276.79	322.98	
Fr	322.08	292.48			Tm	286.92			
K	404.41	404.72	(766.49)	(769.90)	U	424.17	424.44		
La	333.75	433.37			V	318.34	318.90	318.54	
Li	323.26	(670.78)			W	289.65	294.44	294.70	
Lu	261.54				Y	324.23	437.49		
Mg	285.21	279.55	280.27		Yb	398.80	328.99		
Mn	257.61	259.37	279.48	279.83	Zn	330.26	330.29	334.50	
Mo	313.26	317.03			Zr	327.31	339.20	343.82	349.62

在光谱定性分析中，除需要元素分析线表外，还需要一套与所用的摄谱仪具有相同色散率的元素标准光谱图。图 2-1 是波长范围为 301.0～312.4 nm 的元素标准光谱图。在

该图下方，标有按已知波长顺序排列的标准铁线和波长标尺，图的上方是各元素在此波段范围内可能出现的分析线。在元素符号下方标有该元素谱线波长，在元素符号的右上角，标有灵敏度的强度级别。灵敏度的强度一般分为 10 级，数字越大，表示灵敏度越高，通常可利用灵敏度的强度级别来估计元素含量和判别有无干扰存在。

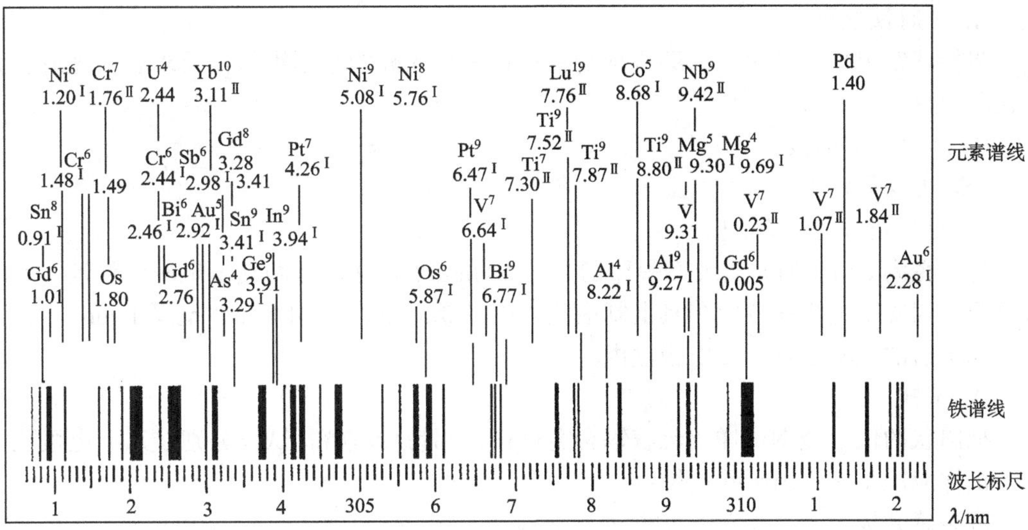

图 2-1　元素标准光谱图

实验时用哈特曼(Hartmann)光阑把试样和纯铁并列摄谱于感光板上，感光板经显影、定影、阴干后，置于光谱投影仪工作台上，并投影于投影屏，谱线被放大 20 倍，然后用元素标准光谱图进行对照比较，判定试样中有哪些元素存在，并通过其谱线强度级别，估计该元素的百分含量。若仅需了解某种或某几种元素是否存在，可先从表 2-1 中查出这些元素的分析线波长，再在光谱投影仪上与元素标准光谱图对照判断是否有指定元素存在。

三、实验仪器和试剂

1. 仪器

WPG-100 型一米平面光栅摄谱仪。

光源：屑状、粒状、粉末状试样用交流电弧光源，棒状、块状金属试样用火花光源。

电极：光谱纯石墨电极。

感光板：天津紫外Ⅱ型。

投影仪：8W 型光谱投影仪。

2. 试剂

显影液：按感光板附配方配制。

停影液：每升含冰醋酸溶液 15 mL。

定影液：F5 酸性坚膜定影液。

四、实验步骤

1. 摄谱

1) 准备电极与试样

A. 一对铁电极

将棒状铁电极在砂轮上打磨成顶端带直径为 2 mm 的平面锥体，要求表面光滑、无氧化层。

B. 一对黄铜电极

处理方法同铁电极。

C. 四对光谱纯石墨电极

将直径为 6 mm 的光谱纯石墨棒切成约 40 mm 长的小段，四支上电极用卷笔刀制成圆锥形，四支下电极在专用车具上制成孔穴内径 3.5 mm、深 4 mm、壁厚 1 mm 的凹形状。加工后的电极应直立在电极盒内。

D. 试样

把屑状的低合金钢试样、丝状锡合金试样、铝粉(或镁粉)试样分别装入下电极孔穴中，试样应压紧并露出碳孔边缘。

2) 装感光板

在暗室红灯下(勿直接光照感光板)取出感光板，找出其乳剂面(粗糙面)。如需裁制，将乳剂面朝下，放在洁净的纸上，以金刚刀刻划玻璃面，然后上下对板。将裁好的感光板乳剂面朝下放入暗盒内，盖上后盖并拧紧后盖固定，装到摄谱仪上。

3) 设置摄谱仪工作条件

狭缝 5 mm；中间光阑 5 mm；狭缝调焦、狭缝倾角、光栅转角置于仪器说明中规定数据。

4) 安装电极

分别将电极插入电板架上调整电极间距(3 mm 左右)。对光，点燃电弧，调节电极头成像在中间光阑两侧，光线均匀照明狭缝前的十字对中盖，电极安装完毕。

5) 准备摄谱

选择适当光源；抽开暗盒挡板使感光板乳剂面对准光路；板移至合适高度；选择哈特曼光阑；拿掉狭缝前的对中盖，准备摄谱。

6) 摄谱顺序

采用哈特曼光阑(不移动感光板)摄谱。

(1) 摄铁谱。将哈特曼光阑置于 2、5、8 处，控制电流 5 A 左右，曝光约 5 s。

(2) 摄试样光谱。将哈特曼光阑置于 1 处，控制电流 6 A 左右，曝光 30 s，然后升高电流至 8～10 A，至试样烧完为止(弧焰呈紫色，电流下降，发出吱吱声)。移动光阑在 3(或 4、6、7、9) 位置，依次增加曝光时间拍摄试样光谱。金属自电极试样用火花光源激发，曝光 2～3 min；石墨电极孔穴中粉末试样用交流电弧激发，应使试样烧完为止。注意观察电弧颜色变化，并随时调整电极间距。

做好摄谱记录，包括感光板移动位置、光阑、试样、光源种类、电流大小及曝光时间等。

(3) 摄空碳棒光谱。将哈特曼光阑置于 4(或其他摄谱位置)处，取未装试样的一对光谱纯石墨电极，按试样摄谱条件进行摄谱，用以检查石墨纯度，认识氰的带状光谱并比较电弧与火花光谱(用两种光源在不同光阑位置各摄一次)。

7) 暗室处理

摄谱完毕后，推上挡板，取下暗盒，在暗室内的红色安全灯下取出感光板，进行显影、停影、定影、水洗、干燥、备用。

A. 显影

显影液按天津紫外Ⅱ型感光板附配方配制。18～20℃时，显影 4～6 min。显影操作时先将适量的显影液倒入瓷盘，把感光板先在水中稍加润湿。然后，乳剂面向上浸没在显影液中，并轻轻晃动瓷盘，以克服局部浓度的不均匀。

B. 停影

为了保护定影液，显影后的感光板可先在稀乙酸溶液(每升含冰醋酸 15 mL)中漂洗，或用清水漂洗，使显影停止。然后，浸入定影液中。停影操作也应在暗红灯下进行。在 18～20℃时，漂洗 1 min 左右。

C. 定影

用 F5 酸性坚膜定影液，20℃±4℃。将适量的定影液倒入另一瓷盘，乳剂面向上浸入其中。定影开始应在暗红灯下进行，15 s 后可开白炽灯观察。新鲜配制的定影液约 5 min 就能观察到乳剂通透(感光板变得透明)。

D. 水洗

定影后的感光板需在室温的流水中淋洗 15 min 以上。淋洗时，乳剂面向上，充分洗除残留的定影液，否则谱片在保存过程中会发黄而损坏。

E. 干燥

谱片应放在干燥架上自然晾干。如果需要快速干燥，可在乙醇中浸泡一下，再用冷风机吹干。注意，乳剂面不宜用热风吹，30℃以上的温度会使乳剂软化起皱而损坏。

显影、定影完毕后，随即把显影液和定影液倒回储存瓶内。

2. 识谱

(1) 将待观察的感光板乳剂面朝上(短波在右边，长波在左边)置于光谱投影仪上，调整投影仪手轮使谱线达到清晰，然后用“元素标准谱线图”进行比较。

(2) 认识铁光谱。将谱板从短波向长波移动，即自 240 nm 左右，每隔 10 nm 记忆铁光谱的特征谱线。在 360 nm 左右出现氰带(CN)。360 nm、390 nm 和 420 nm 是三个氰带的带头。

(3) 大量元素的检查。凡试样谱带上的粗黑谱线，均用“元素标准谱线图”查对，以确定试样中哪些元素大量存在。

(4) 杂质元素的检查。在波长表上查出待测元素的分析线，根据其分析线所在的波段用图谱与谱板进行比较。如果某元素的分析线出现，则可确定该元素存在。但应注意试样中大量元素和其他杂质元素谱线的干扰。一般应找两三条分析线进行检查，若这两三条分析线均已出现，才能确定此元素的存在。

五、数据处理

1. 指定元素分析

将指定元素分析结果填入表 2-2。

表 2-2　低合金钢试样和镁粉试样分析结果

指定元素	所查波长/nm	该元素是否存在	
		低合金钢试样	镁粉试样
Ag			
Al			
B			
Cu			
Mg			
Pb			
Si			

2. 全分析

将全分析结果填入表 2-3。

表 2-3　黄铜试样全分析结果

含量	所含元素
主体或大量	
中量或小量	
微量或痕量	

六、注意事项

(1) 在暗房操作时，注意感光板不要装反，乳剂面应朝向入射光方向。如果感光板装反，玻璃吸收紫外光，将得不到完整的紫外发射光谱。

(2) 摄谱时应按时开启摄谱仪快门。

(3) 冲洗感光板时，一定要先显影后定影，如果倒置此程序，将丢失全部摄取的光谱。

(4) 接通激发光源时，不要触摸电极架，以免触电。

(5) 紫外光的电弧辐射很强，切勿直接观察，以免伤害眼睛。

七、问题讨论

(1) 试样光谱旁为什么要摄一条铁光谱？

(2) 摄谱的主要工作条件及选择这些条件的依据是什么？

(3) 定性分析时，如何判断试样中某元素是否存在？可能会出现哪些异常情况？如何解释？

(4) 在光谱定性分析中，为什么要使用哈特曼光阑？

实验 2　ICP-AES 法测定人发中的微量铜、铅、锌和镉含量

一、实验目的

(1) 学习原子发射光谱的定量分析方法。

(2) 了解电感耦合等离子体(ICP)光源的结构及工作原理。

(3) 学习生化样品的处理方法。

二、方法原理

人体从生存环境中既可获得生长、发育所需的营养元素，也会因为环境污染受到重金属元素的毒害。人发对微量元素具有一定的富集作用，且其中微量元素的含量能反映人体内微量元素的状况，因而可作为研究生存环境污染程度和诊断人体健康的辅助工具。

用浓 $HNO_3+H_2O_2$ 分解人发样品，使其中的金属元素以无机离子形态存在，再通过雾化器将人发样品溶液以气溶胶的形式引入 ICP 光源中，待测元素在温度为数千开的等离子体炬中原子化并受激发射出特征谱线。多元素同时发射产生的复合光经光栅分光后，不同波长谱线的强度由光电检测器检测。谱线强度与元素浓度的关系可由罗马金公式 $I=ac^b$ 描述，其中，a 为发射系数，b 为自吸系数，I 为谱线强度，c 为元素浓度。在 ICP 光源中，在很宽的浓度范围内，谱线的自吸效应很小，$b=1$，I 与 c 呈简单的线性关系。用标准溶液建立谱线强度与元素浓度的定量关系，相同条件下测出试样溶液中各元素的谱线强度，即可计算出各元素的含量。

三、实验仪器和试剂

1. 仪器

高频电感耦合等离子直读光谱仪，25 mL、100 mL、1000 mL 容量瓶，5 mL 吸量管，石英坩埚，量筒，烧杯。

2. 试剂

光谱纯铜，光谱纯铅，光谱纯锌，光谱纯镉，HNO_3 溶液，HCl 溶液，H_2O_2，1.000 mg/mL 铜、铅、锌和镉储备液。

四、实验步骤

1. 标准溶液的配制

铜标准溶液：吸取 10.00 mL 1.000 mg/mL 铜储备液至 100 mL 容量瓶中，用去离子水稀释至刻度，摇匀，此溶液含铜 100.0 μg/mL。

用上述相同方法，配制 100.0 μg/mL 铅、锌和镉标准溶液。

2. 配制 Cu^{2+}、Pb^{2+}、Zn^{2+}和 Cd^{2+}混合标准溶液

在一个 25 mL 容量瓶中分别加入 2.50 mL 100.0 μg/mL Cu^{2+}、Pb^{2+}、Zn^{2+}和 Cd^{2+}标准溶液，加 3 mL 6 mol/L HNO_3溶液，用去离子水稀释至刻度，摇匀。此溶液含 Cu^{2+}、Pb^{2+}、Zn^{2+}和 Cd^{2+}的浓度均为 10.0 μg/mL。

在另一个 25 mL 容量瓶中加入 2.50 mL 上述 10.0 μg/mL Cu^{2+}、Pb^{2+}、Zn^{2+}和 Cd^{2+}混合标准溶液，加 3 mL 6 mol/L HNO_3溶液，用去离子水稀释至刻度，摇匀。此溶液含 Cu^{2+}、Pb^{2+}、Zn^{2+}和 Cd^{2+}的浓度均为 1.00 μg/mL。

3. 试样溶液的制备

用不锈钢剪刀从后颈部剪取头发试样，将其剪成长约 1 cm 发段，用洗发香波洗涤，再用自来水冲洗多次，将其移入布氏漏斗中，用 1 L 去离子水淋洗，于 110℃烘干。准确称取试样 0.3 g 左右，置于石英坩埚内，加 5 mL 浓 HNO_3溶液和 0.5 mL H_2O_2，放置数小时，在电热板上加热，稍冷后滴加 H_2O_2，加热至近干，再加少量 HNO_3溶液和 H_2O_2，加热，溶液澄清，浓缩至 1～2 mL，加少许去离子水稀释，转移至 25 mL 容量瓶中，用去离子水稀释至刻度，摇匀，待测。

4. 测定

将配制的 1.00 μg/mL 和 10.0 μg/mL Cu^{2+}、Pb^{2+}、Zn^{2+}和 Cd^{2+}标准溶液和试样溶液上机测试。测试条件如下：分析线：Cu 324.754 nm，Pb 216.999 nm，Zn 213.856 nm，Cd 226.502 nm；冷却气流量：12 L/min；载气流量：0.3 L/min；护套气：0.2 L/min。

五、数据处理

计算发样中铜、铅、锌和镉含量(μg/g)。

六、注意事项

溶样过程中加 H_2O_2时，要将试样稍冷，且要慢慢滴加，以免 H_2O_2剧烈分解，将试样溅出。

七、问题讨论

(1) 人发样品为什么通常用湿法处理？若用干法处理，会有什么问题？

(2) ICP-AES 分析法有哪些优点？

实验 3　ICP-AES 法测定氯化铵试剂中的杂质元素

一、实验目的

(1) 掌握多种杂质元素同时定量的 ICP-AES 分析方法。

(2) 掌握 ICP-AES 分析线的选择原则及方法。

(3) 掌握 ICP-AES 样品分析中元素检出限的确定方法。

二、方法原理

氯化铵试剂中常含有 Al、Ca、Cu、Fe、Mg、Mn、Na、Sn、Zn 等多种杂质元素，采用 ICP-AES 法可以快速、同时测量这些杂质元素的含量。ICP 炬焰中心通道的温度为 4000～6000 K，原子化和激发效率高，检出限低，适合微量杂质元素的定量分析。采用 ICP-AES 法进行分析时，每种元素都有多条特征谱线可供选择。根据所测浓度、谱线强度、干扰情况及稳定性，选择干扰少、灵敏度高、精密度好的分析线，即可避免共存元素的干扰。

国际纯粹与应用化学联合会(IUPAC)推荐，元素的检出限为能以适当的置信水平被检出的最小分析信号测量值所对应的分析物浓度。对于 ICP 发射光谱法，其值可由下式表示：

$$c_L = K\frac{S_{xb}}{S} = KS_c$$

式中：c_L 为分析元素的检出限；K 为置信因子，其值越大，置信水平就越高，一般推荐 K=3，对于一个严格的单侧高斯正态分布来说，此时的置信水平为 99.6%；S_{xb} 为空白溶液背景信号测量值的标准偏差；S 为灵敏度，即分析校准曲线的斜率；S_c 为测出空白浓度的标准偏差，S_c 通常由空白溶液平行测定 21 次统计获得。

三、实验仪器和试剂

1. 仪器

全谱直读光谱仪，高盐雾化器，50 mL 烧杯，25 mL 容量瓶。

2. 试剂

10 μg/mL Ca、Fe、K、Mg、Na、P、S、Zn 的 5% HNO_3 标准溶液，高纯水，工业氩气(含量大于 99.99%)，NH_4Cl 试样。

四、实验步骤

1. 溶液配制

1) 参比系列

用 1 mg/mL 的杂质元素储备液按表 2-4 配制参比系列，以 5% HCl 溶液定容。

表 2-4　参比系列配制

序号	Ⅰ	Ⅱ	Ⅲ	Ⅳ
浓度/(μg/mL)	0	0.10	1.00	10.00

2) NH_4Cl 样品溶液的制备

在万分之一电子天平上准确称取 1～1.2 g 氯化铵样品，将其置于 50 mL 或 100 mL 烧杯中，用纯水溶解，然后转移至 25 mL 容量瓶中，定容后摇匀备用。

2. 操作步骤

仪器参数：高频功率：1150 W；冷却气流量：15 L/min；辅助气流量：0.5 L/min；载气压力：24 psi（1 psi=6.894 76×10^3 Pa）；蠕动泵转速：100 r/min；溶液提升量：1.85 mL/min。

(1) 打开电源开关。

(2) 启动显示器、计算机和打印机。

(3) 运行 ThormoSPEC 软件，建立分析方法。

(4) 打开排风，去掉炬管室和高频发生器顶部排风口处的盖子。

(5) 打开氩气钢瓶，调节分压表压力为 0.5 MPa。

(6) 运行硬复位。

(7) 将进样管放入溶液中，装好泵管夹。

(8) 设置驱气时间为 100 s，点火。然后调节泵管夹位置使吸管刚好不进液为最佳。等离子体点燃后应立即检查出液管是否出液，如果不出液，调节泵管夹使废液流出。

(9) 用高标准溶液查看谱峰位置。

(10) 分别拍摄低波段和高波段的光谱进行对峰。

(11) 等离子体点燃 30 min 后可进行分析。一般先进行标准化，从低到高，然后做未知样。在整个操作过程中应经常观察雾室是否存有溶液，如果有积液可通过进样管间断地放入一些空气来排除。

(12) 确认所有分析工作完成后，用 5% HCl 溶液冲洗 5 min，再用纯水冲洗 5 min，然后熄灭等离子体。

(13) 将进样管从溶液中取出放入空烧杯中（此时为待机状态），松开泵管夹。

(14) 点击 SHUTDOWN 按钮关机。

(15) 等 CID 温度升至室温后关闭氩气。

(16) 盖好炬管室和高频发生器顶部排风口，关闭排风。

(17) 进行分析结果的后处理。

(18) 关闭打印机、计算机和显示器。

五、数据处理

1. 计算元素含量

$$w_x / \% = \frac{测定结果(\mu g / mL) \times 溶液体积(mL) \times 10^{-6}}{称样量(g)} \times 100$$

2. 计算元素的检出限

$$c_L / (\mu g / mL) = 3 \times S_c$$

六、注意事项

(1)检查雾化器是否正常，废液是否流出，雾室中一定不能有积液。

(2)当 CID 低于–35℃，FPA 高于 5℃时，才能进行硬复位，熄灭等离子体后，CID 温度上升到室温后方可关闭氩气，避免检测器表面结霜。

(3)样品盐分较高，应随时观测雾化情况，样品未完全溶解时严禁上机。

七、问题讨论

采用 ICP-AES 法进行多元素分析的优点是什么？

实验 4　ICP-AES 法同时测定婴幼儿营养食品中的 14 种元素

一、实验目的

(1)掌握原子发射光谱的定量分析方法。

(2)掌握有机样品的湿法消化方法。

二、方法原理

婴幼儿营养食品中需要检测的元素众多，既有有害元素，也包括为弥补母乳中营养素的不足而添加的人体必需元素。ICP-AES 法可满足多元素同时测定的要求。以湿法消化分解婴幼儿营养食品后，采用 ICP 作激发光源，试样中的各元素在高温的等离子体炬中原子化并激发后，发射特征谱线。测量谱线强度，根据罗马金公式 $I=ac^b$，即可对各元素进行定量分析。

三、实验仪器和试剂

1. 仪器

电感耦合等离子体发射光谱仪。

2. 试剂

硝酸，高氯酸，30% 过氧化氢，1.000 mg /mL 钾、钠、钙、镁、铜、铁、锰、锌、硼、铬、镍、铝、钡、磷标准储备液。

四、实验步骤

1. 标准溶液的配制

用去离子水分别将 1.000 mg /mL 钾、钠、钙、镁、铜、铁、锰、锌、硼、铬、镍、铝、钡、磷标准储备液稀释至合适的浓度。

2. 试样溶液的制备

称取约 0.50 g 试样置于消化管中，同时做试剂空白。加入数粒玻璃珠，然后加入 10 mL 混合酸，由低温至高温加热消解，当消解液体积减少到 2～3 mL 时移去热源，冷却。加入 2～5 mL 混合酸继续加热消解，不时缓缓摇动使之均匀，消解至冒白烟，消解液呈淡黄色或无色溶液。浓缩消解液至 1 mL 左右。冷却至室温后定量转移至 100 mL 容量瓶中，用去离子水稀释至刻度。

3. 测定

将 ICP 的射频功率、等离子气流量、辅助气流量、雾化气流量和溶液提升量分别调至 1200 W、15 L /min、0.2 L /min、0.8 L /min 和 1.5 mL /min，观察位置自动优化。然后将标准溶液和处理好的试样分解液分别导入电感耦合等离子体发射光谱仪中进行测试。

五、数据处理

根据表 2-5 选择各元素的分析线，读取对应的谱线强度。

表 2-5　谱线强度及元素含量

元素名称	分析线波长/nm	谱线强度		含量/(mg/kg)
		标准溶液	试样溶液	
钾	766.490			
钠	589.592			
钙	315.887			
镁	285.213			
铜	327.393			
铁	238.204			
锰	257.610			
锌	231.857			
硼	208.889			

续表

元素名称	分析线波长/nm	谱线强度		含量/(mg/kg)
		标准溶液	试样溶液	
铬	267.716			
镍	231.604			
铝	308.215			
钡	233.527			
磷	178.221			

六、注意事项

(1) 分析线选择是否恰当，直接影响测定结果的准确性及测定方法的可信度。分析线选择的原则是所选分析线的强度值较大，信噪比较大，背景等效浓度较低，基体效应较小，干扰等效浓度较小。不同的元素有多条不同的特征发射波长，而同一元素发射波长的选择主要依据其在不同样品中的含量和不同样品中其他元素的含量对其的干扰及所测样品的基体组成。

(2) 测试完毕后，进样系统用去离子水清洗 5 min 后，再关机，以免试样沉积在雾化器口和石英炬管口。

(3) 先降高压，熄灭等离子体，再关冷却气。

七、问题讨论

(1) 影响测定的主要仪器参数有哪些？

(2) 在同时分析含大量元素及微量元素的样品时，分析线应如何选择？

实验 5　ICP-AES 法测定矿泉水中的微量金属元素

一、实验目的

(1) 熟悉 ICP 的构成、工作原理和实验参数的控制。

(2) 学习原子发射光谱法进行水样中金属元素分析的方法原理。

(3) 掌握 ICP-AES 的基本操作技术。

二、方法原理

不同地域的天然矿泉水的化学成分不同，但矿泉水均富含不同的无机矿物质，人们长期适量饮用天然矿泉水，对身体具有良好的保健作用，如钙、镁、锶和锌能有效促进骨骼和牙齿的生长发育，也能防治骨质疏松，调节中枢神经系统，帮助预防高血压和心脑血管疾病等。我国有关天然饮用矿泉水的质量标准中，对不同金属元素的含量范围有不同的说明。所以，矿泉水中无机矿物质含量的分析测定是其质量控制的重要步骤。

ICP-AES 法是多种金属元素同时定性和定量分析的有效方法。通过混合标准溶液标准曲线的制作，获得不同金属元素的线性方程，据此对水样中几种金属元素进行定性和定量检测。

三、实验仪器和试剂

1. 仪器

电感耦合等离子体发射光谱仪。

2. 试剂

碳酸钙、氧化镁、氯化锶、氧化锌和光谱纯硝酸等。

钙标准储备液(0.1000 mg/mL)：将碳酸钙固体在 110℃左右烘干至恒量，准确称量 0.0250 g 于小烧杯中，加入 3 mL 1 mol/L 硝酸溶液，完全溶解后，定量转移至 100 mL 容量瓶中，加水稀释至刻度，摇匀。

镁标准储备液(0.1000 mg/mL)：将氧化镁固体在 750℃进行灼烧至恒量，准确称量 0.0166 g 于小烧杯中，加入 3 mL 1 mol/L 硝酸溶液，完全溶解后，定量转移至 100 mL 容量瓶中，加水稀释至刻度，摇匀。

锶标准储备液(0.1000 mg/mL)：将氯化锶固体在 800℃进行灼烧至恒量，准确称量 0.0181 g 于小烧杯中，加入 0.2 mL 1 mol/L 硝酸溶液，完全溶解后，定量转移至 100 mL 容量瓶中，加水稀释至刻度，摇匀。

锌标准储备液(0.1000 mg/mL)：将氧化锌固体在 900℃进行灼烧至恒量，准确称量 0.0125 g 于小烧杯中，加入 2 mL 8 mol/L 硝酸溶液，完全溶解后，定量转移至 100 mL 容量瓶中，加水稀释至刻度，摇匀。

四、实验步骤

1. 混合标准溶液的配制

分别取上述 4 种标准储备液各 10.00 mL 于 100 mL 容量瓶中，加入 2 mL 8 mol/L 硝酸溶液，加水稀释至刻度，摇匀，得到含量均为 10.00 μg/mL 的钙、镁、锶和锌混合标准溶液。采用同样方法，用水逐级稀释，分别得到 1.00 μg/mL 和 0.100 μg/mL 的混合标准溶液。

2. 样品溶液的准备

准确移取适量的矿泉水样品于 100 mL 容量瓶中，加入 4 mL 硝酸，加水稀释至刻度，摇匀。

3. 测定

将 ICP 的射频功率、等离子气流量、辅助气流量、雾化气流量和溶液提升量分别调至 1150 W、15 L /min、0.5 L /min、0.8 L /min 和 1.85 mL /min，观察位置自动优化。然后将混合标准溶液和样品溶液分别导入电感耦合等离子体发射光谱仪中进行定性和定量分析。

4. 关机

实验结束后，按照仪器的操作步骤，关闭原子发射光谱仪。

五、数据处理

(1) 记录实验条件。
(2) 记录定性分析结果。
(3) 记录并计算定量分析结果。

依照表 2-6 记录混合标准溶液和样品溶液谱线的强度数据，拟合线性方程，根据该线性关系和样品的谱线强度，计算样品中 4 种金属元素含量(μg/mL)。

表 2-6　谱线强度及元素含量

元素名称	分析线/nm	谱线强度					含量/(μg/mL)
		空白	标准溶液/(μg/mL)			试样溶液	
			0.100	1.00	10.00		
钙	315.887						
镁	285.213						
锶	460.700						
锌	231.857						

六、注意事项

(1) 实验过程中涉及高压、高电流操作，要注意安全。
(2) 注意关机的规范操作，实验结束后，要先用去离子水清洗进样系统，然后降低压力，熄灭等离子体，最后关闭冷却气。

七、问题讨论

(1) 原子发射光谱法定性和定量分析的理论依据是什么？
(2) ICP 光源的基本构成是什么？并阐述各部件的作用。

附：原子发射光谱仪

原子发射光谱法是根据处于激发态的原子或离子回到基态时发射的特征谱线研究物质的元素组成及含量的分析方法。

1. 原子发射光谱仪的基本构成

原子发射光谱仪由光源和光谱仪两部分组成。

1) 光源

光源的作用是提供能量使样品蒸发分解，形成气态原子或离子，并进一步使气态原子或离子激发而产生光辐射。原子发射光谱仪常用的光源有直流电弧、交流电弧、电火花和电感耦合等离子体。

直流电弧光源的优点是电极头温度高，蒸发能力强，进入放电间隙的试样量多，绝对灵敏度高，适用于定性分析。缺点是弧层较厚，易产生自吸现象，不适合高含量成分的定量分析。另外，弧光游移不定，分析结果的重现性差。

低压交流电弧光源的弧焰温度比直流电弧的稍高，有利于元素的激发。电弧放电稳定，分析结果重现性比直流电弧好。电极头温度比直流电弧低，不利于难挥发元素的蒸发。

电火花的电弧瞬间温度很高，激发能量大，可激发电离电位高的元素。放电稳定性高，重现性好，适用于定量分析。自吸现象少，适用于高含量元素分析。电极头温度低，不利于元素的蒸发。

ICP 光源是高频感应电流产生的类似火焰的激发光源。它由高频发生器、等离子体炬管和雾化器组成，其结构示意图如图 2-2 所示。

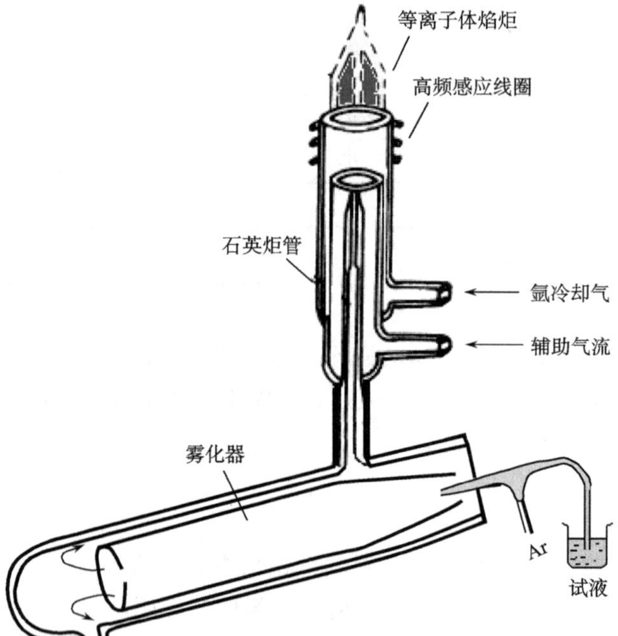

图 2-2　ICP 光源结构示意图

当高频发生器产生的高频电流通过线圈时，在炬管内产生轴向高频磁场，由于气体(Ar 气)不是导体，所以此时并不会形成等离子体焰炬。这时若用高频点火装置产生火花，使一些 Ar 气电离，产生的载流子(电子与离子)在电磁场作用下运动，与炬管中的其他 Ar 原子碰撞并使之电离，形成更多的载流子，当载流子多到足以使气体有足够的电导率时，在垂直于磁场方向的截面上就会感生出流经闭合圆形路径的涡流(100～1000 A)，强大的电流产生高热又将气体加热，瞬间使气体形成最高温度可达 10 000 K 的稳定的等离子体炬。在 ICP 中，石英炬管内离子和电子通过与高频磁场相互作用获得能量，相互作用是通过电感耦合的方式进行的。高频感应线圈和炬管内的导电粒子犹如一个变压器，感应线圈相当于变压器的初级线圈，感应区内的离子、电子相当于变压器的次级线圈。试样溶液通过雾化器产生气溶胶，当载气载带试样气溶胶通过等离子体时，被后者加热至 6000～7000 K，并被原子化和激发产生发射光谱。ICP 光源的检出限低，可达 10^{-5}～10^{-3} mg/L；精密度高，相对标准偏差(RSD)≤1%；基体和第三元素影响较小，准确度高；工作曲线线性范围宽，可达 4～7 个数量级，既可测定痕量元素，也可测定主成分；光谱背景小，可多元素同时测定。

2) 光谱仪

光谱仪的作用是将光源发射的电磁辐射色散，获得按波长顺序排列的元素光谱，然后检测和记录辐射的波长和强度。

光谱仪的种类很多，按照光谱记录与测量方法的不同，可分为光栅摄谱仪和光电直读光谱仪。

光栅摄谱仪的基本结构包括照明系统、色散系统和记录测量系统。如图 2-3 所示，光源发射的光经三透镜照明系统后通过狭缝，再经反射镜折向凹面反射镜下方的准光镜上，经准光镜反射以平行光束照射到光栅上，经光栅色散后，按波长顺序分开。不同波长的光由凹面反射镜上方的物镜聚焦于感光板上，得到按波长顺序展开的光谱。

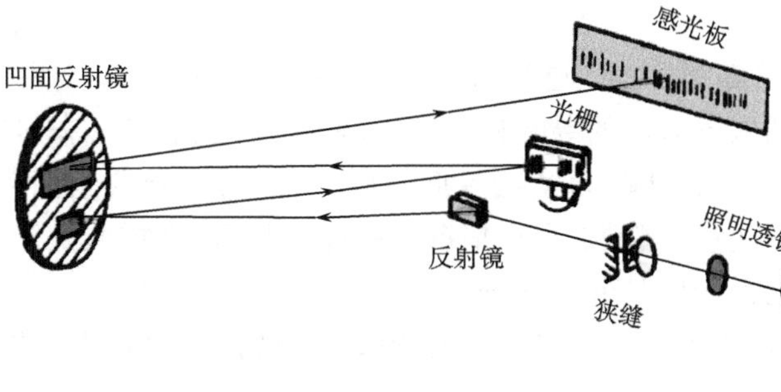

图 2-3 WSP-1 型平面光栅摄谱仪光路示意图

光电直读光谱仪用光电倍增管替代感光板直接测定光谱线的强度，如图 2-4 所示。在摄谱仪中，色散系统只有入射狭缝而无出射狭缝。在光电直读光谱仪中，一个出射狭缝和一个光电倍增管构成一个光通道，接收一条谱线。在多道仪器中，可安装多达 70 个的固定出射狭缝和光电倍增管，可同时接收多种元素的谱线。单道扫描式光谱仪只有一个通道，通过转动光栅让不同波长的谱线依次通过出射狭缝进行检测。

2. ICP 原子发射光谱仪的基本操作

(1) 开机：先打开冷却水循环水箱电源和水泵开关，使 ICP 水压开关打开。

(2) 合上 ICP 电源开关。

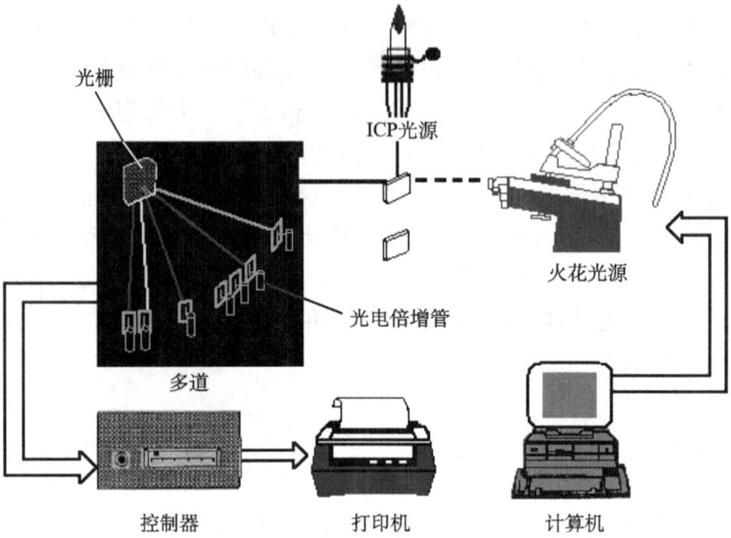

图 2-4　光电直读光谱仪

(3) 打开排风扇开关和氩气瓶阀门，使输出压力控制在 0.25 MPa，打开 ICP 载气并观察毛细管是否进样，如进样正常，将等离子气打开到 600～700 L/h，暂时关闭载气，按“高压开”，同时按“点燃”，若没有点燃，将输出功率打到 1 挡，使之点燃。打开载气，将输出功率打到 3 挡，观察火焰及参数指示 kV、I_a、I_g(如太高或太低可以根据不同样品调节输出功率)。

(4) 打开软件，点“零级扫描”进行自动扫描，找到零级光后，选择建好的方法，在分析测量下将毛细管插入该方法的寻峰标，去寻峰，高标去衰减，在 STDHIGH 下测量高标，保存。测量标准下用 STDLOW 测量低标后，点“下一样”，保存。将毛细管放入试样容量瓶中，在分析测量下测样。根据情况可打印结果等(换样或换标时一定要将毛细管放入纯水中，以便把上一样品或标样洗下去)。

(5) 测完此类样品，若在其他方法下需要测量，可选择其他方法、再寻峰、衰减、测标、测样等如上操作。

(6) 关机：从右到左将输出功率调节到 0，按“高压关”(小圆红灯亮)，关闭 ICP 电源开关，然后关闭氩气钢瓶阀门，5 min 后，关闭稳压电源开关，10 min 后，关闭冷却循环水箱电源和水泵开关。

3. 原子发射光谱仪的日常保养和注意事项

(1) 每次开机使用前，应通 Ar 气吹扫约 4 h，使光室温度升到 34℃左右，同时将管道中的水珠、尘埃等吹出。

(2) 气体的纯度一定要达到 99.99％以上。

(3) 每次点火前检查蠕动泵泵管，确保无损伤和过度磨损现象。

(4) 每次样品分析之前必须检查雾化器雾化效率。

(5) 在每次点火之前，必须检查炬管安装的位置，以及冷却气、辅助气和载气的连接是否正常。

(6) 定期清洗炬管，即用 20%硝酸溶液浸泡过夜，然后水洗，最后用无水乙醇洗净并吹干。

(7) 定期清洗雾化室。拆下雾化室连接管路，用 20%硝酸溶液浸泡过夜，然后水洗，最后用无水乙醇洗净并吹干。

(8) 定期清洗仪器空气过滤网。

(9) 定期检查内置式检测器冷却水水位或更换冷却水。

(10) 定期检查外置式冷却水水位或更换冷却水。

(11) 定期进行光室维护。

2.2　原子吸收光谱法

实验 6　火焰原子吸收光谱法最佳实验条件的选择

一、实验目的

(1) 了解原子吸收分光光度计的基本结构和使用方法。

(2) 初步掌握火焰原子吸收光谱法的基础实验技术。

(3) 了解实验条件对测定的灵敏度、准确度和干扰情况的影响。

(4) 学习原子吸收光谱法最佳实验条件选择的方法。

二、方法原理

在火焰原子吸收光谱法中，测定条件的选择对测定的灵敏度、准确度和干扰情况等有很大影响。本实验以钙元素为例，通过对一系列实验条件(包括燃烧器高度、燃气和助燃气的流量比、灯电流、光谱通带、试液提取量及雾化效率等)的选择和优化，选定测定钙的最佳实验条件。

每种元素的基态原子都有若干条特征吸收线，通常选择共振线作为分析线，使测定具有较高的灵敏度。但是为了消除干扰，可以选择灵敏度较低的谱线。例如，测定 Pb 时，为了避开短波区分子吸收的影响，不用 217.0 nm 的共振线，而常选用 283.3 nm 的次灵敏线。分析高浓度样品时，可以采用灵敏度较低的谱线，从而得到适中的吸光度。

空心阴极灯的发射特性与灯电流有关，灯电流不能超过允许的最大工作电流值，电流的选择要从灵敏度和稳定性两方面来考虑。灯电流过大，易产生自吸作用，多普勒效应增强，谱线变宽，测定灵敏度降低，灯的寿命减少。灯电流低，谱线变宽小，测定灵敏度高，但是灯电流过低，发光强度减弱，因而谱线信噪比降低。一般的原则是在保证稳定的光强输出的情况下，尽可能选择较低的灯电流。

三、实验仪器和试剂

1. 仪器

原子吸收分光光度计，乙炔钢瓶，空气压缩机，钙空心阴极灯，100 mL 容量瓶，10 mL 吸量管。

2. 试剂

盐酸(优级纯)，碳酸钙(光谱纯)。

盐酸溶液(1 mol/ L)：由盐酸试剂配制。

钙标准储备液(1000 μg/mL)：准确称取 0.6250 g 已烘干的无水 $CaCO_3$ 于 100 mL 烧杯中，加少量去离子水润湿，盖上表面皿，滴加 1 mol/ L 盐酸溶液直到完全溶解，定量转移至 100 mL 容量瓶中，用去离子水稀释至刻度，摇匀备用。

钙标准使用液(100 μg/mL)：准确吸取 10.00 mL 钙标准储备液(1000 μg/mL)于 100 mL 容量瓶中，用去离子水稀释至刻度，摇匀备用。

四、实验步骤

1. 5.00 μg/mL 钙标准溶液的配制

准确移取 100 μg/mL 钙标准使用液 5.00 mL 于 100 mL 容量瓶中，用水稀释至刻度，摇匀。

2. 最佳实验条件的选择

1) 固定初步的实验条件

波长 422.7 nm，灯电流 5 mA，狭缝宽度 0.1 mm，空气流量 5 L/min，乙炔流量 1 L/min。

2) 燃烧器高度的选择

在火焰中进行原子化的过程是一种极为复杂的反应过程，在火焰的不同高度，基态原子的密度是不同的，因而灵敏度也不同，一般来说，在燃烧器狭缝口上方 2～5 mm 附近处火焰中具有最大的基态原子密度，灵敏度最高。但是对不同测定元素和不同性质的火焰有所不同。

在初步固定的实验条件下，吸入钙标准溶液，读取吸光度。然后改变燃烧器高度标尺为 5 mm、7 mm、9 mm、11 mm、13 mm、15 mm，测出相应的吸光度。绘制吸光度-燃烧器高度曲线，从曲线上选定最佳燃烧器高度。

3) 燃助比的选择

当火焰种类确定后，燃助比不同，火焰的温度和性质不同，因而元素的原子化程度不同，而且会影响吸收灵敏度及干扰的消除等。原子吸收光谱分析的火焰燃烧状态一般分为化学计量火焰(燃助比约 1∶4)，富燃火焰[燃助比(1.2～1.5)∶4]，贫燃火焰[燃助比 1∶(4～6)]。同种火焰的不同燃烧状态，其温度与气氛也有所不同，实际分析中应根据元素的性质选择适宜的火焰种类及其燃烧状态。

在上述选定的燃烧器高度条件下，吸入钙标准溶液，固定助燃气(空气)的流量为 5 L/min，改变燃气(乙炔)的流量为 1.0 L/min、1.1 L/min、1.2 L/min、1.3 L/min、1.4 L/min、1.5 L/min，测定相应的吸光度，绘制吸光度-燃气流量曲线，从曲线上选定吸光度最大的燃助比为最佳燃助比，并确定火焰属于哪一种燃烧状态。

4)灯电流的选择

对大多数元素而言，选用的灯电流是其额定电流的 40%～60%。在上述选定的燃烧器高度和燃助比条件下，先把灯电流调至 3.0 mA 处，吸入钙标准溶液读取吸光度，然后改变灯电流为 1.0 mA、2.0 mA、3.0 mA、4.0 mA、5.0 mA、6.0 mA、7.0 mA、8.0 mA、9.0 mA、10.0 mA、12.0 mA，测定相应的吸光度。绘制吸光度-灯电流曲线，从曲线上选定最佳灯电流。

5)光谱通带的选择

光谱通带宽度与被测元素及空心阴极灯有关。当共振线附近有非共振线时，光谱通带的选择尤为重要，因为它直接影响测定的灵敏度和工作曲线的线性范围。大多数元素的通带宽度为 0.4～0.6 nm，对于谱线复杂的 Fe、Co、Ni 等元素，需要采用小于 0.2 nm 的通带宽度。光谱通带 $\Delta\lambda$ 等于狭缝宽度 ω 和单色器的倒线色散率 $d\lambda/d\tau$ 的乘积，对于确定的仪器，$d\lambda/d\tau$ 是一定的，因而光谱通带只取决于狭缝宽度。选择通带除应分开最靠近的非共振线外，适当放宽狭缝可以提高信噪比和测定的稳定性。

用以上选定的条件，吸入钙标准溶液，改变狭缝宽度 0.1 mm、0.2 mm、0.3 mm、0.4 mm、0.5 mm，测出相应的吸光度，不引起吸光度减小的最大狭缝宽度即为最佳狭缝宽度。

6)试液提取量及雾化效率的测定

试液提取量一般在 3～6 mL/min 较为适宜，若提取量太小，由于进入火焰的溶液太少，灵敏度低；提取量太大，则消耗火焰的热量，温度降低，同时较大雾滴进入溶液，难以完全蒸发，原子化效率下降，灵敏度低。通过改变喷雾气流速度及吸液毛细管的内径与长度，可以调节提取量。

雾化效率是指进入火焰的雾滴占整个提取试液的百分数，可通过测量单位时间内试液提取量及废液排除量的体积差进行估算。

$$\text{雾化效率}=\frac{\text{提取量}-\text{废液量}}{\text{提取量}}\times 100\%$$

在选定的测量条件下，吸喷 50 mL 去离子水，同时在排液管下方放置一个 50 mL 烧杯，用秒表测出喷雾 50 mL 去离子水所用的时间。喷雾完毕，待雾化室中的废液全部流入烧杯中，用 50 mL 量筒测定回收水的体积。估算所测定试液提取量和雾化效率。

五、数据处理

(1)绘制吸光度-燃烧器高度曲线，选出最佳燃烧器高度。

(2)绘制吸光度-燃气流量曲线，选出最佳燃助比。

(3)绘制吸光度-灯电流曲线，选出最佳灯电流。

(4)估算所测定试液提取量和雾化效率。

六、注意事项

(1)测量结束后，用去离子水冲洗原子化器 2 min，先关乙炔气再关空气。实验结束，按操作规程关机。

(2)实验时要打开通风设备，使废气及时排出室外。

七、问题讨论

(1)试述仪器最佳实验条件选择对实际测量的意义。

(2)为什么火焰原子吸收光谱法对助燃气与燃气开与关的先后顺序要严格地按操作步骤进行？

(3)某仪器测定钙的最佳工作条件是否也适用于另一台规格不同的仪器？为什么？

实验 7　火焰原子吸收光谱法测定饮用水中铜和锌的含量

一、实验目的

(1)学习原子吸收光谱法的基本原理。

(2)熟悉原子吸收分光光度计的基本结构。

(3)初步掌握原子吸收分光光度计的基本操作。

(4)掌握原子吸收光谱分析中定量分析的基本方法。

二、方法原理

在使用锐线光源的情况下，低浓度组分的基态原子蒸气对共振线的吸收符合朗伯-比尔定律：

$$A = \lg\frac{I_0}{I} = KLN_0$$

式中：A 为吸光度；I_0 为入射光强度；I 为经原子蒸气吸收后的透过光强度；K 为吸光系数；L 为吸收层厚度即燃烧器的缝长，在实验中为一定值；N_0 为待测元素的基态原子密度。

当试样原子化火焰的热力学温度低于 3000 K 时，可以认为原子蒸气中基态原子的数目实际上接近原子总数。在固定的实验条件下，原子总数与试样浓度 c 的比例是恒定的，因此上式可写为

$$A = K'c$$

式中：K' 在一定实验条件下是常数，即吸光度与浓度成正比，这是原子吸收光谱法的定量基础。定量方法常用标准曲线法和标准加入法，其他定量方法还有稀释法和内标法。

标准曲线法是原子吸收光谱法中最常用的定量方法，常用于未知试样溶液中共存基体成分较为简单的情况。当试样组成复杂、配制的标准溶液与试样组成之间存在较大差别时，常采用标准加入法。该方法是在数个容量瓶中加入等量的试样，分别加入不等量(倍增)的标准溶液，用适当溶剂稀释至一定体积后，依次测定它们的吸光度。以加入标样的

质量(μg)为横坐标，相应的吸光度为纵坐标，绘出标准曲线，再将曲线外推至与横坐标相交，横坐标与标准曲线延长线的交点至原点的距离 x 即为容量瓶中所含试样的质量(μg)，从而求得试样的含量。

本实验采用标准曲线法测定饮用水(自来水、茶水、市售桶装饮用水、瓶装矿泉水等)中铜和锌的含量，分别选用 324.8 nm 和 307.6 nm(次灵敏线，或选用灵敏线 213.9 nm)的波长进行测量。

三、实验仪器和试剂

1. 仪器

原子吸收分光光度计，铜空心阴极灯，锌空心阴极灯，无油空气压缩机，乙炔钢瓶，通风设备，100 mL 烧杯，50 mL、100 mL 容量瓶，50 mL 移液管，10 mL 吸量管。

2. 试剂

硫酸铜(优级纯)，硫酸锌(优级纯)，饮用水。配制溶液用水均为去离子水。

铜标准储备液(1000 μg /mL)：准确称取硫酸铜($CuSO_4 \cdot 5H_2O$，学生自己计算需要称取的量)于 100 mL 烧杯中，加适量去离子水溶解，定量转移至 100 mL 容量瓶中，用去离子水稀释至刻度，摇匀备用。

锌标准储备液(500 μg/mL)：准确称取硫酸锌($ZnSO_4 \cdot 7H_2O$，学生自己计算需要称取的量)于 100 mL 烧杯中，加适量去离子水溶解，定量转移至 100 mL 容量瓶中，用去离子水稀释至刻度，摇匀备用。

四、实验步骤

(1) 50 μg/mL 铜和 25 μg/mL 锌混合标准溶液的配制：分别准确吸取 5.00 mL 1000 μg/mL 铜和 500 μg/mL 锌标准储备液于 100 mL 容量瓶中，用去离子水稀释至刻度，摇匀备用。

(2) 混合标准使用液系列的配制：取 5 个 100 mL 容量瓶，依次加入 2.00 mL、4.00 mL、6.00 mL、8.00 mL、10.00 mL 铜和锌的混合标准溶液，用去离子水稀释至刻度，摇匀备用。该混合标准使用液系列中铜的浓度分别为 1.00 μg/mL、2.00 μg/mL、3.00 μg/mL、4.00 μg/mL、5.00 μg/mL，锌的浓度分别为 0.50 μg/mL、1.00 μg/mL、1.50 μg/mL、2.00 μg/mL、2.50μg/mL。

(3) 未知水样溶液的配制：准确吸取适量体积(根据其铜和锌的浓度而定)饮用水样置于 100 mL 容量瓶中，用去离子水稀释至刻度，摇匀备用。

(4) 吸光度的测量：根据火焰原子吸收分光光度计操作软件的步骤开启仪器，设置相应的实验参数，然后点火。根据实验 6 方法选择最佳实验条件，选择空心阴极灯，调节狭缝宽度、灯电流、燃烧器高度、负高压、波长、乙炔流量、空气流量等参数。用去离子水调节吸光度为 0，测量混合标准使用液系列各标准溶液中铜的吸光度，并制作铜溶液的标准曲线。在相同的实验条件下，测定未知水样溶液中铜的吸光度。以相同的方式制作锌溶液的标准曲线，测定未知水样中锌的含量。

五、数据处理

(1)将实验条件记录于表 2-7。

表 2-7　实验条件

实验条件	Cu	Zn
吸收线波长/nm		
空心阴极灯电流/mA		
狭缝宽度/mm		
燃烧器高度/mm		
负高压/V		
乙炔流量/(L/min)		
空气流量/(L/min)		

(2)根据标准曲线法获得铜和锌的标准曲线、线性方程和相关系数，打印实验数据。

(3)分别计算饮用水样中铜和锌的含量(μg/mL)。

六、注意事项

(1)乙炔为易燃易爆气体，必须严格按照操作规范使用，保障安全。在点燃乙炔火焰之前，应先开空气开关，后开乙炔气开关；结束或暂停实验时，应先关乙炔气，后关空气。

(2)实验时要打开通风设备开关，进行室内排风。

七、问题讨论

(1)标准曲线法和标准加入法各适合测定什么样品？

(2)原子吸收光谱法为什么要用待测元素的空心阴极灯作光源？能否用氢灯或钨灯代替？为什么？

(3)试讨论影响试样吸光度大小的因素。

实验 8　微波消解-火焰原子吸收光谱法测定人发中锌的含量

一、实验目的

(1)进一步熟悉原子吸收分光光度计的基本构造和操作方法。

(2)学习微波消解处理样品的操作技术。

(3)掌握火焰原子吸收光谱法测定人发中锌的条件和方法。

(4)掌握标准曲线法测定微量元素的方法。

二、方法原理

锌是人体必需的微量元素之一，是人体生长发育等重要生理过程中必不可少的物质。

人发是人体的重要组织之一，其中的微量元素可以反映人体的营养状况。人发样品具有稳定、采样方便及易被接受等特点，准确地测量人发中锌的含量对判断人体健康状况及预防疾病具有重要意义。

头发的溶解大多用酸消化的方法，通常用 HNO_3 + $HClO_4$ 消化头发样品，也有报道用灰化的方法处理发样。但是这些方法都有不可避免的缺点，如酸消化过程中会产生大量的酸雾及氮和硫的氧化物等刺激性气体，这些气体具有强烈的腐蚀性，对人体有害。酸消化过程中残留的高氯酸会造成某些金属元素的测定误差，而灰化会引起一些金属的灰化损失。微波消解技术是近年来产生的先进的样品预处理技术，与传统的干法灰化和湿法消化相比，其溶样时间和消解用酸量明显减少，具有快捷、污染小、损失少、消化完全等优点。火焰原子吸收光谱法具有操作较简单、测试速度快、灵敏度高等优点。因此，本实验采用微波消解法消解发样，结合火焰原子吸收光谱法，采用标准曲线法定量测定学生头发样品中微量元素锌的含量。

三、实验仪器和试剂

1. 仪器

原子吸收分光光度计，锌空心阴极灯，微波消解仪，超纯水器，乙炔钢瓶，空气压缩机，电子天平(感量为 0.1 mg)，100 mL 烧杯，50 mL、100 mL、1000 mL 容量瓶，50 mL 移液管，2 mL、5 mL、10 mL 吸量管。

2. 试剂

硝酸(优级纯)，过氧化氢(光谱纯)，纯锌(光谱纯)，实验用水为超纯水。

盐酸溶液(1%)：取 1 mL 盐酸试剂，用水稀释至 100 mL。

锌标准溶液(1000 μg/mL)：准确称取金属锌 1.0000 g，溶解于 40 mL 硝酸，并用水定容于 1000 mL 容量瓶中。

锌标准储备液(5 μg/mL)：准确吸取锌标准溶液(1000 μg/mL)，用 1%盐酸逐级稀释得到 5 μg/mL 锌标准储备液。

四、实验步骤

1. 试样待测液的制备

取受检者脑后枕部距头皮 1～3 cm 的头发，准确称取 1 g 以上，置于 50 mL 烧杯中，用洗发液浸泡，搅拌洗涤，用自来水冲洗，再用蒸馏水、超纯水洗净，烘干至恒量，冷却至室温，在电子天平上准确称取 0.1000 g 发样于聚四氟乙烯瓶中，加入 4.0 mL 硝酸和 1.0 mL 过氧化氢消解液消解样品。由于头发是生物样品，消解时会产生大量气体，因此消解头发试样需按照微波消解操作程序，设置最佳压力、温度及时间消解样品，消解完成后，待消解液冷却至室温，移入 50 mL 容量瓶中，用 1%盐酸定容，同时处理至少两个空白试样。

2. 标准曲线的制备

1) 锌标准使用液系列的配制

分别准确吸取一定体积的 5 μg/mL 锌标准储备液于 50 mL 容量瓶中，配制锌标准使用液，用 1%盐酸定容，得到锌标准使用液系列浓度为 0 μg/mL、0.2 μg/mL、0.4 μg/mL、0.6 μg/mL、0.8 μg/mL。

2) 标准曲线的绘制

按照仪器说明书将仪器工作条件调整到测定锌元素的最佳状态，选用锌灵敏吸收线 213.9 nm，光谱通带 0.5 nm，燃烧器高度 7.0 mm，灯电流 7.5 mA，背景校正方式：氘灯，火焰类型为乙炔-空气。将仪器调整好预热后，测定锌时用毛细管吸喷 1%盐酸调零，分别测定锌标准使用液系列的吸光度。以标准使用液系列浓度为横坐标，对应的吸光度为纵坐标，绘制标准曲线。

3. 试样待测液的测定

在测定标准使用液系列相同的仪器最佳状态下，用 1%盐酸调零，分别测定试样待测液吸光度及空白试样的吸光度，通过标准曲线得到对应的质量浓度。

五、数据处理

试样中锌的含量按下式计算：

$$X = \frac{(c - c_0) \times V \times f}{m}$$

式中：X 为试样中锌元素的含量(μg/g)；c 为待测液中锌元素的浓度(μg/mL)；c_0 为空白试样中锌元素的浓度(μg/mL)；V 为试样定容体积(mL)；f 为试样稀释倍数；m 为试样的质量(g)。

六、注意事项

消解头发试样需按照微波消解仪的操作程序，设置最佳消解压力、温度及时间。

七、问题讨论

(1) 测头发中的锌含量有什么实际意义？

(2) 在原子吸收光谱法实验中，如果待测样品较复杂，应该采用什么方法进行定量测定？

(3) 简述空心阴极灯的工作原理。

实验 9　火焰原子吸收光谱法测定地表水中钙和镁的含量

一、实验目的

(1) 学习原子吸收光谱法的基本原理。

(2)初步掌握标准曲线法和标准加入法的原理。

(3)初步掌握原子吸收光谱法的化学干扰及其消除方法。

(4)了解火焰原子吸收光谱法在水质分析中的应用。

二、方法原理

原子吸收光谱法又称原子吸收分光光度法，是基于物质所产生的原子蒸气对其共振辐射的吸收作用进行定量分析的方法。它是测定痕量和超痕量元素的有效方法，具有灵敏度高、干扰较少、选择性好、操作简便快速、结果准确可靠等特点，能测定几乎所有金属元素和一些类金属元素。原子吸收光谱法分为火焰原子吸收光谱法和无火焰原子吸收光谱法。火焰原子吸收光谱法的优点是操作简单、测量精密度高、应用范围广，其缺点是试样利用率低、检出限受到限制、只可以液体进样。

原子吸收光谱定量分析的依据是朗伯-比尔定律，在一定实验条件下，待测元素的吸光度与该元素在试样中的浓度成正比，即 $A = Kc$。在原子吸收光谱分析中，常见的定量方法为标准曲线法(图 2-5)和标准加入法(图 2-6)。标准曲线法常用于未知试样溶液中共存基体成分较为简单的情况。由于标准曲线法比标准加入法操作简便，对组成简单的试样，用标准曲线法进行定量分析较方便，而采用标准加入法测定样品中基体效应复杂或干扰难以排除的元素是行之有效的方法。

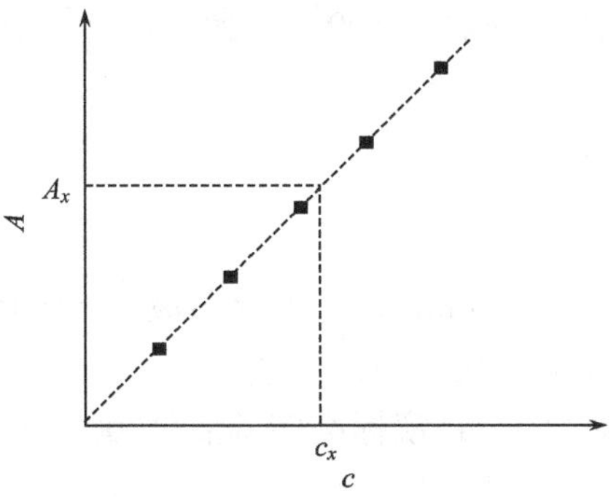

图 2-5　标准曲线法工作曲线

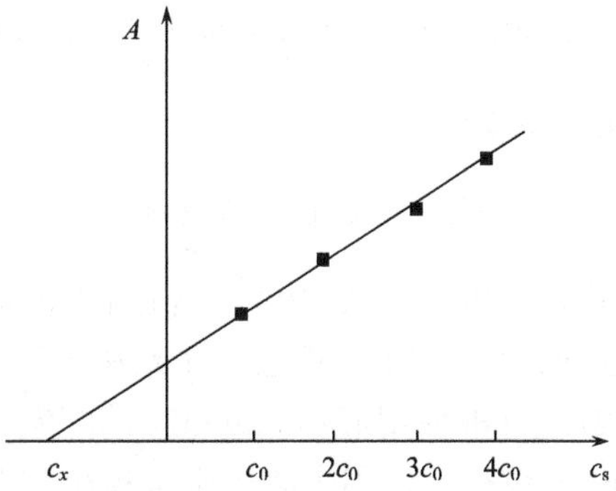

图 2-6　标准加入法工作曲线

化学干扰是原子吸收分析中的主要干扰。化学干扰比较复杂，根据其产生的具体原因，消除干扰的主要方法有加入释放剂、加入保护剂、利用高温火焰和化学分离及标准加入法等。加入释放剂可以与干扰离子生成更稳定或更难挥发的化合物，从而使被测元素从与干扰元素形成的化合物中释放出来。例如，磷酸根干扰钙的测定，加入锶或镧后，锶或镧与磷酸根结合而将钙释放出来，干扰反应及释放反应如下：

$$3CaCl_2+2H_3PO_4 = Ca_3(PO_4)_2+6HCl$$

$$Ca_3(PO_4)_2+2LaCl_3 = 2LaPO_4+3CaCl_2$$

本实验采用标准曲线法和标准加入法分别测定地表水(有代表性的有长江水、东湖水、沙湖水等)中钙和镁的含量。采用标准曲线法时，为了消除测定中的化学干扰，测定钙、镁时需用镧作释放剂，以消除磷酸的干扰。

三、实验仪器和试剂

1. 仪器

原子吸收分光光度计，钙空心阴极灯，镁空心阴极灯，空气压缩机，乙炔钢瓶，通风设备，抽滤装置，100 mL 烧杯，50 mL、100 mL 容量瓶，50 mL 移液管，2 mL、5 mL、10 mL 吸量管，500 mL 试剂瓶，洗耳球。

2. 试剂

金属镁(优级纯)，无水碳酸钙(优级纯)，盐酸(优级纯)，氯化镧(优级纯)，经过滤处理的地表水，配制溶液用水为去离子水。

盐酸溶液(1 mol/L)：由盐酸试剂配制。

钙标准储备液(1000 μg/mL)：准确称取 0.6250 g 已烘干的无水 $CaCO_3$ 于 100 mL 烧杯中，加少量去离子水润湿，盖上表面皿，滴加 1 mol/L 盐酸溶液直到完全溶解，定量转移至 250 mL 容量瓶中，用去离子水稀释至刻度，摇匀备用。

镁标准储备液(1000 μg/mL)：准确称取 0.2500 g 金属镁于 100 mL 烧杯中，盖上表面皿，滴加 5 mL 1 mol/L 盐酸溶液使之溶解，定量转移至 250 mL 容量瓶中，用去离子水稀释至刻度，摇匀备用。

氯化镧溶液(10 g/L)：称取 1.76 g $LaCl_3$ 溶解于水，稀释至 100 mL，此溶液含镧 10 g/L。

四、实验步骤

1. 钙、镁标准使用液的配制

(1) 钙标准使用液(100 μg/mL)的配制：准确吸取 10 mL 钙标准储备液(1000 μg/mL)于 100 mL 容量瓶中，用去离子水稀释至刻度，摇匀备用。

(2) 镁标准使用液(50 μg/mL)的配制：准确吸取 5 mL 镁标准储备液(1000 μg/mL)于 100 mL 容量瓶中，用去离子水稀释至刻度，摇匀备用。

2. 钙、镁标准溶液系列的配制

(1) 钙标准溶液系列的配制：取 5 个 100 mL 容量瓶，依次加入 2.00 mL、4.00 mL、6.00 mL、8.00 mL、10.00 mL 钙标准使用液(100 μg/mL)，再分别加入 5 mL $LaCl_3$ 溶液，用去离子水稀释至刻度，摇匀备用。该标准溶液系列中钙的浓度分别为 2.00 μg/mL、4.00 μg/mL、6.00 μg/mL、8.00 μg/mL、10.00 μg/mL。

(2) 镁标准溶液系列的配制：取 5 个 100 mL 容量瓶，依次加入 1.00 mL、2.00 mL、3.00 mL、4.00 mL、5.00 mL 镁标准使用液(50 μg/mL)，再分别加入 5 mL $LaCl_3$ 溶液，用去离子水稀释至刻度，摇匀备用。该标准溶液系列中镁的浓度分别为 0.50 μg/mL、1.00 μg/mL、1.50 μg/mL、2.00 μg/mL、2.50 μg/mL。

3. 未知水样溶液的配制

准确吸取适量体积(根据其钙和镁的浓度而定)已过滤处理的地表水样，置于 100 mL 容量瓶中，用去离子水稀释至刻度，摇匀备用。

4. 标准加入法工作溶液的配制

(1) 钙标准加入法工作溶液的配制：取 5 个 100 mL 容量瓶，各加入 25.00 mL 未知水样溶液，然后依次加入 0 mL、1.00 mL、2.00 mL、3.00 mL、4.00 mL 钙标准使用液(100 μg/mL)，用去离子水稀释至刻度，摇匀备用。

(2) 镁标准加入法工作溶液的配制：取 5 个 100 mL 容量瓶，各加入 25.00 mL 未知水样溶液，然后依次加入 0 mL、1.00 mL、2.00 mL、3.00 mL、4.00 mL 镁标准使用液(50 μg/mL)，用去离子水稀释至刻度，摇匀备用。

5. 吸光度的测量

根据火焰原子吸收分光光度计操作软件的步骤开启仪器，设置相应的实验参数，然后点火。仪器最佳工作条件通过优化选择，选择钙、镁空心阴极灯，设置吸收线波长 Ca 422.7 nm、Mg 285.2 nm，调节狭缝宽度、灯电流、燃烧器高度、负高压、波长、乙炔流量、空气流量等参数。

用去离子水调节吸光度为 0，按照浓度由低到高的顺序，分别测量标准溶液系列中钙的吸光度，并制作钙溶液的标准曲线。在相同的实验条件下，测定未知水样溶液中钙的吸光度。

然后依次测定钙标准加入法工作溶液的吸光度，并制作钙溶液的标准加入法工作曲线。在相同的实验条件下，测定未知水样溶液中钙的吸光度。

以相同的方式制作镁溶液的标准曲线和标准加入法工作曲线，并测定未知水样中镁的吸光度。

五、数据处理

(1) 列表记录钙和镁标准溶液系列的吸光度，并分别绘制钙和镁的标准曲线，根据未知水样溶液的吸光度得到未知水样中钙和镁的含量(μg/mL)，并求出地表水中钙和镁的含量(μg/mL)。

(2) 以钙和镁标准加入法工作溶液的浓度及其测定得到的吸光度，绘制标准加入法工作曲线，将曲线外推得出未知水样中钙和镁的含量(μg/mL)，并求出地表水中钙和镁的含量(μg/mL)。

(3) 比较标准曲线法和标准加入法钙和镁含量的测定结果。

六、注意事项

(1) 乙炔为易燃易爆气体，应按照操作规范使用，注意安全。

(2) 配制未知水样溶液时，吸取地表水的合适体积取决于稀释后其测定的吸光度，一般控制测定的吸光度最好位于标准曲线中间附近。

七、问题讨论

(1) 用火焰原子吸收光谱法测定钙和镁，氯化镧如何消除化学干扰？

(2) 为什么要配制钙、镁标准溶液？所配制的钙、镁系列标准溶液可以放置到第二天使用吗？为什么？

(3) 火焰原子吸收光谱法能否采用固体直接进样测定？

实验 10　原子吸收光谱法测定婴幼儿食品中钙、铁和锌的含量

一、实验目的

(1) 学习原子吸收光谱法的基本原理。

(2) 了解原子吸收分光光度计的基本构造及其作用。

(3) 学习干法灰化处理食品和乳品试样的方法。

(4) 掌握标准曲线法测定婴幼儿食品和乳品中钙、铁、锌含量的原理和方法。

二、方法原理

钙、铁、锌等微量元素是奶粉、米粉、面条、饮品等婴幼儿食品和乳品中的重要营养元素，常作为营养强化剂加入婴幼儿食品和乳品中。测定食品和乳品中微量金属元素，首先要通过试样的处理使其中的金属元素以溶解的状态存在，试样既可以用湿法消化处理，用酸将试样消解制成溶液；也可以用干法灰化处理，使试样在马弗炉中高温灰化，然后将灰分溶解于盐酸或硝酸中制成溶液。根据《食品安全国家标准　婴幼儿食品和乳品中钙、铁、锌、钠、钾、镁、铜和锰的测定》(GB 5413.21—2010)的方法，婴幼儿食品和乳品试样经干法灰化，分解有机质后，加酸使灰分中的无机离子全部溶解，直接吸入空气-乙炔火焰中原子化，并在光路中分别测定钙、铁、锌原子对特定波长谱线的吸收。

原子吸收光谱分析中，化学干扰是指在溶液或气相中被测组分与其他组分之间的化学作用而引起的干扰效应，它导致被测元素进入火焰的基态原子数目减少，从而导致吸收信号减弱。当待测元素和干扰元素在火焰中形成稳定化合物时，加入另一种物质使之与干扰元素化合，生成更稳定或更难挥发的化合物，从而使待测元素从干扰元素的化合物中释放出来，这种加入的物质称为释放剂。用火焰原子吸收光谱法测定钙时，为了消除化学干扰，可用镧作释放剂，以消除磷酸干扰。

三、实验仪器和试剂

1. 仪器

原子吸收分光光度计，钙空心阴极灯，铁空心阴极灯，锌空心阴极灯，乙炔钢瓶，空气压缩机，石英坩埚或瓷坩埚，马弗炉，电子天平(感量为 0.1 mg)，100 mL 烧杯，

50 mL、100 mL、1000 mL 容量瓶，50 mL 移液管，2 mL、5 mL、10 mL 吸量管。

2. 试剂

盐酸(优级纯)，硝酸(优级纯)，氧化镧(La_2O_3)，碳酸钙(光谱纯)，纯锌(光谱纯)，铁粉(光谱纯)，水为 GB/T 6682—2008 规定的二级水。

盐酸溶液 A(2%)：取 2 mL 盐酸试剂，用水稀释至 100 mL。

盐酸溶液 B(20%)：取 20 mL 盐酸试剂，用水稀释至 100 mL。

硝酸溶液(50%)：取 50 mL 硝酸试剂，用水稀释至 100 mL。

镧溶液(50 g/L)：称取 2.932 g 氧化镧，用 2.50 mL 去离子水润湿后，缓慢添加 12.50 mL 盐酸试剂使氧化镧溶解，用去离子水稀释至 50 mL，此溶液含镧 50 g/L。

钙标准溶液(1000 μg/mL)：准确称取 2.4963 g 干燥的碳酸钙，用 100 mL 盐酸溶液 B 溶解，并用水定容于 1000 mL 容量瓶中。

锌标准溶液(1000 μg/mL)：准确称取 1.0000 g 金属锌，用 40 mL 硝酸溶解，并用水定容于 1000 mL 容量瓶中。

铁标准溶液(1000 μg/mL)：准确称取 1.0000 g 金属铁粉，用 40 mL 硝酸溶解，并用水定容于 1000 mL 容量瓶中。

钙、铁、锌标准储备液(100.0 μg/mL)：分别准确吸取 10.00 mL 钙、铁、锌标准溶液(1000 μg/mL)，用盐酸溶液 A 分别定容到 100 mL 容量瓶中，得到上述各元素的标准储备液。

四、实验步骤

1. 试样处理

准确称取婴幼儿食品或乳品(奶粉、米粉、面条或饮品等)混合均匀的固体试样约 5 g 或液体试样约 15 g(精确到 0.0001 g)于坩埚中，在电炉上微火炭化至不冒烟，再移入马弗炉中，490℃±5℃灰化约 5 h。如果有黑色炭粒，冷却后，则滴加少许硝酸溶液润湿，在电炉上小火蒸干后，再移入 490℃高温炉中继续灰化成白色灰烬，冷却至室温后取出，加入 5 mL 盐酸溶液 B，在电炉上加热使灰烬充分溶解，冷却至室温后，移入 50 mL 容量瓶中，用水定容，同时处理至少两个空白试样。

2. 试样待测液的制备

(1) 钙待测液：从实验步骤 1 得到的 50 mL 试样中准确吸取 1.00 mL 到 100 mL 容量瓶中，加 2.00 mL 50 g/L 镧溶液，用水定容。用同样方法处理空白试液。

(2) 铁、锌待测液：用实验步骤 1 得到的 50 mL 试样直接上机测定。同时测定空白试样。

为保证试样待测液浓度在标准曲线线性范围内，可以适当调整试样定容体积和稀释倍数。

3. 标准曲线的制备

1) 钙、铁、锌标准使用液系列的配制

分别准确吸取 2.00 mL、4.00 mL、6.00 mL、8.00 mL、10.00 mL 钙、铁、锌标准储备液于 100 mL 容量瓶中，配制铁、锌标准使用液，用盐酸溶液 A 定容。配制钙标准使用液时，在准确吸取标准储备液的同时吸取 2.00 mL 镧溶液于各容量瓶中，用水定容。得到各元素标准使用液系列浓度为 2.00 μg/mL、4.00 μg/mL、6.00 μg/mL、8.00 μg/mL、10.00 μg/mL。

2) 标准曲线的绘制

按照仪器说明书将仪器工作条件调整到测定各元素的最佳状态，选用灵敏吸收线 Ca 422.7 nm、Fe 248.3 nm、Zn 213.9 nm，将仪器调整好预热后，测定铁、锌时用毛细管吸喷盐酸溶液 A 调零。测定钙时，先吸取镧溶液 2.00 mL，用水定容至 100 mL，并用毛细管吸喷该溶液调零。分别测定各元素标准使用液系列的吸光度。以标准使用液系列浓度为横坐标，对应的吸光度为纵坐标，绘制标准曲线。

4. 试样待测液的测定

在测定标准使用液系列相同的仪器最佳状态下，测铁、锌用盐酸溶液 A 调零，测钙时，先吸取镧溶液 2.00 mL，用水定容至 100 mL，并用该溶液调零。分别测定试样待测液吸光度及空白试样的吸光度，通过标准曲线得到铁、锌、钙对应的质量浓度。

五、数据处理

试样中钙、铁、锌的含量按下式计算：

$$X = \frac{(c_1 - c_2) \times V \times f}{m \times 1000} \times 100$$

式中：X 为试样中各元素的含量(mg/100 g)；c_1 为待测液中各元素的浓度(μg/mL)；c_2 为空白试样中各元素的浓度(μg/mL)；V 为试样体积(mL)；f 为试样稀释倍数；m 为试样的质量(g)。

六、注意事项

(1) 实验结束后，先关闭乙炔气体总阀，然后松开减压阀，依次关闭空气压缩机、原子吸收分光光度计。

(2) 检查电、水、门窗关好后，方可离开。

七、问题讨论

(1) 简述原子吸收光谱法的基本原理。

(2) 火焰原子吸收光谱法的特点有哪些？

(3) 原子吸收光谱法实验中必须选择哪些实验条件？

实验 11　石墨炉原子吸收光谱法测定地表水中可溶性钡的含量

一、实验目的

(1)学习石墨炉原子吸收光谱法的基本原理。
(2)掌握石墨炉原子吸收分光光度计的基本结构。
(3)了解石墨炉原子化器的基本结构。
(4)掌握石墨炉原子吸收光谱法测定水中可溶性钡的方法。

二、方法原理

地表水中钡含量是衡量水质的重要指标，地表水中钡含量不能超过 0.7 mg/L。目前石墨炉原子吸收光谱法是国内常用测定地表水中钡含量的方法之一。我国国家环境保护标准 HJ 602—2011《水质 钡的测定 石墨炉原子吸收分光光度法》规定石墨炉原子吸收光谱法除了可用于地表水之外，还可以用于地下水、生活污水、工业废水中可溶性钡和总钡的测定。可溶性钡是指未经酸化的样品经 0.45 μm 滤膜过滤后测定的钡，总钡是指未经过滤的样品经消解后测定的钡。本实验选取的地表水为武汉市武昌段长江水，过滤后加入适当的基体改进剂消除基体干扰，处理后的水样注入石墨炉原子化器中，钡离子在石墨管内经高温原子化，其基态原子对钡空心阴极灯发射的特征谱线 553.6 nm 产生选择性吸收，其吸光度与钡的质量浓度成正比。使用石墨炉原子吸收光谱法中标准曲线法即可快速、方便、准确地测定长江水中的可溶性钡含量。

当试样中钙的浓度大于 5 mg/L 时，对钡的测定产生正干扰。当注入原子化器中钙的浓度为 100～300 mg/L 时，钙对钡的干扰不随钙浓度变化而变化，根据钙的干扰特征，加入化学改进剂硝酸钙溶液，既能消除记忆效应又能提高测定的灵敏度。若试样中钙的浓度超过 300 mg/L，应将试样适当稀释后测定。本实验用钙盐为基体改进剂，可以有效地消除测定干扰，提高分析灵敏度。

火焰原子吸收光谱法的操作简便、重现性好，对大多数元素有较高灵敏度，但是其原子化效率低、灵敏度不够高，而且一般不能直接分析固体样品。而石墨炉原子化器的原子化效率高、试样用量少、灵敏度高，并且适用于难熔元素的测定和固体样品直接测定，其缺点是测定精密度较低、干扰背景比较严重，并且一般都需要校正背景。因此，本实验选择塞曼效应扣除背景干扰。

三、实验仪器和试剂

1. 仪器

原子吸收分光光度计(配石墨炉原子化器，附钡空心阴极灯)，空气压缩机，抽滤装置(孔径为 0.45 μm 醋酸纤维或聚乙烯滤膜)，500 mL 聚乙烯样品瓶，50 mL、100 mL 容量瓶，50 mL 移液管，1 mL、2 mL、5 mL 吸量管。

2. 试剂

浓硝酸(优级纯，ρ_{HNO_3}= 1.42 g/mL)、高纯氩气(纯度≥99%)、硝酸钡(光谱纯)或钡标准物质，实验用水为二次去离子水，即由去离子水或蒸馏水用石英蒸馏器经二次蒸馏而得。

硝酸溶液(0.5%)：用浓硝酸配制。

硝酸钙溶液(c_{Ca}=500 mg/L)：称取 2.95 g 硝酸钙，用 0.5%硝酸溶液溶解并稀释定容至 1000 mL，摇匀。

钡标准储备液(1000 mg/L)：准确称取 0.1903 g 硝酸钡，用 0.5%硝酸溶液溶解并稀释定容至 100 mL，摇匀。

钡标准中间溶液(50.0 mg/L)：准确量取 5.00 mL 钡标准储备液(1000 mg/L)于 100 mL 容量瓶中，用 0.5%硝酸溶液稀释至刻度，摇匀。将该溶液储存于聚乙烯瓶中，于 4℃下可保存 30 天。

钡标准使用液(1.0 mg/L)： 准确量取 2.00 mL 钡标准中间溶液(50.0 mg/L)于 100 mL 容量瓶中，用 0.5%硝酸溶液稀释至刻度，摇匀。

四、实验步骤

1. 样品的采集、保存与制备

长江水样品采集后应尽快用抽滤装置过滤，弃去初始的滤液，收集 100 mL 滤液于样品瓶中，加入 0.5 mL 浓硝酸，于 4℃下冷藏保存，14 天内进行测定。

准确量取 40.0 mL 过滤并酸化的样品于 50 mL 容量瓶中，用硝酸钙溶液稀释至刻度，摇匀待测。

2. 空白试样的制备

用水代替样品，按照以上步骤制备可溶性钡空白试样。

3. 标准曲线的制备

1)标准使用液系列的配制

分别吸取 1.0 mg/L 钡标准使用液 0 mL、0.50 mL、1.00 mL、1.50 mL、2.00 mL、2.50 mL 置于 5 个 50 mL 容量瓶中，分别加入 10 mL 硝酸钙溶液，用 0.5%硝酸溶液稀释至刻度，摇匀，得到浓度为 0 μg/L、10.0 μg/L、20.0 μg/L、30.0 μg/L、40.0 μg/L、50.0 μg/L 的钡标准使用液系列。

2)标准曲线的绘制

将石墨炉原子吸收光谱法工作条件调整到测定钡的最佳状态：波长 553.6 nm；灯电流 25 mA；狭缝宽度 0.2 mm；干燥温度 110℃；灰化温度 1100℃；原子化温度 2550℃；净化温度 2600℃；氩气流量 250 mL/min；扣除背景方式：塞曼效应；进样体积：20.0 μL。按照浓度由低到高的顺序，依次测定标准使用液系列的吸光度，以零浓度校正吸光度为纵坐标，以钡的含量(μg/L)为横坐标，绘制标准曲线。

4. 试样待测液的测定

按照与绘制标准曲线相同条件测定试样及空白试样的吸光度。

五、数据处理

样品中钡的质量浓度(μg/L)按下式计算：

$$\rho = \frac{(\rho_1 - \rho_0) \times f \times V_1}{V}$$

式中：ρ 为试样中可溶性钡的浓度(μg/L)；ρ_1 为由标准曲线法得到的试样中可溶性钡的浓度(μg/L)；ρ_0 为由标准曲线法得到的空白试样中可溶性钡的浓度(μg/L)；f 为试样稀释倍数；V_1 为定容体积(mL)；V 为样品体积(mL)。

六、注意事项

(1) 当样品中钙的浓度为 100～300 mg/L 时，可溶性钡样品在试样的制备过程中不需加入硝酸钙溶液。

(2) 当样品中钙的浓度超过 300 mg/L 时，用 0.5%硝酸溶液稀释样品，使其钙浓度范围为 100～300 mg/L。此时，可溶性钡样品在试样的制备过程中不需加入硝酸钙溶液。

七、问题讨论

(1) 测定水中钡含量有什么实际意义？

(2) 简述石墨炉原子化器和火焰原子化器的优缺点。

(3) 本实验中通氩气的作用是什么？

实验 12　微波消解-石墨炉原子吸收光谱法测定茶叶中镍的含量

一、实验目的

(1) 学习石墨炉原子吸收光谱法的基本原理。

(2) 掌握微波消解茶叶样品的方法。

(3) 了解石墨炉原子化器的工作原理。

(4) 掌握石墨炉原子吸收光谱法测定茶叶中镍含量的方法。

二、方法原理

镍是人体必需的微量元素，但若摄入过多会对人体健康造成危害。茶叶在生长中易吸附土壤和灌溉水中的部分重金属。因此，研究茶叶中镍的测定方法对环境污染分析有益。国家标准规定食品中镍含量测定方法主要为石墨炉原子吸收光谱法，采用石墨炉原子吸收光谱法测定镍，灵敏度高、精密度和准确度好。

在食品样品的分析过程中，样品预处理的效果直接影响最终分析结果的准确程度。

常见的全消解预处理方法有普通酸电热板湿法消化和干法灰化。传统的样品处理方法(干法灰化或湿法消化)烦琐、费时、污染环境，并易引起被测元素的损失和沾污。例如，湿法消化需要用到大量的酸碱试剂，而干法灰化可能存在较大的基体干扰。本实验采用微波消解处理茶叶样品，该方法试剂用量少、检出限低、样品消解完全、空白低，且操作简单快捷。试样经微波消解处理后，导入原子吸收分光光度计石墨炉中，电热原子化后，吸收 232.0 nm 共振线，其吸光度与镍浓度成正比，用标准曲线法进行定量分析。

三、实验仪器和试剂

1. 仪器

原子吸收分光光度计(配石墨炉原子化器，附镍空心阴极灯)，微波消解仪[附聚四氟乙烯(PTFE)消解罐，套筒]，玛瑙研钵，乙炔钢瓶，空气压缩机，石英坩埚或瓷坩埚，马弗炉，电子天平(感量为 0.1 mg)，100 mL 烧杯，10 mL、25 mL 容量瓶，50 mL 移液管，2 mL、5 mL、10 mL 吸量管。

2. 试剂

硝酸(优级纯)，30%过氧化氢(优级纯)，镍粉(光谱纯)，市售茶叶，实验用水为二次去离子水，即由去离子水或蒸馏水用石英蒸馏器经二次蒸馏而得。

硝酸溶液(50%)：取 50 mL 硝酸试剂，用水稀释至 100 mL。

硝酸溶液(0.5 mol/L)：用硝酸试剂配制。

镍标准储备液(1000 mg/L)：准确称取镍粉 1.0000 g 溶于 30 mL 50%硝酸，加热溶解，并用水定容于 1000 mL 容量瓶中。

镍标准使用液(200 μg/L)：将镍标准储备液用 0.5 mol/L 硝酸溶液逐级稀释，得到浓度为 200 μg/L 的镍标准使用液。

四、实验步骤

1. 试样消解

将茶叶样品经玛瑙研钵研磨后过 100 目尼龙筛，经烘箱 105℃干燥 4 h 后放入干燥器中保存。准确称取 0.2500～0.5000 g(精确至 0.1 mg)茶叶样品于聚四氟乙烯消解罐中，加硝酸 4 mL，再加 30%过氧化氢 4 mL。盖好内塞，旋紧套筒，放入微波消解仪中消解 40 min。待样液在消解仪中冷却至室温后，取出聚四氟乙烯消解罐，将罐内的消解液定量转移至 25 mL 容量瓶中，用去离子水多次冲洗聚四氟乙烯消解罐，并将洗液合并于容量瓶中，用去离子水稀释至刻度，摇匀待测。同时做试剂空白。

2. 标准曲线的制备

1) 标准使用液系列的配制

分别准确吸取 0.50 mL、1.00 mL、2.00 mL、3.00 mL、4.00 mL 镍标准使用液(200 μg/L)于 10 mL 容量瓶中，用 0.5 mol/L 硝酸溶液稀释至刻度，摇匀。

2) 标准曲线的绘制

将石墨炉原子吸收光谱法工作条件调整到测定镍的最佳状态：波长 232.0 nm；灯电流 4 mA；狭缝宽度 0.5 mm；升温程序：干燥 90℃→105℃→110℃三步，灰化温度 1100℃，原子化温度 2300℃，净化温度 2500℃；扣除背景方式：塞曼效应；进样体积：25.0 μL。将空白液和标准使用液系列分别注入石墨炉进行测定。以标准使用液系列浓度为横坐标，对应的吸光度为纵坐标，绘制标准曲线。

3. 试样待测液的测定

在测定标准使用液系列相同的仪器条件下，测定消解后的试样吸光度。

五、数据处理

茶叶试样中镍的含量按下式计算：

$$X = \frac{(c_1 - c_0) \times V}{m \times 1000}$$

式中：X 为试样中镍的含量(μg/g)；c_1 为待测液中镍元素的浓度(μg/L)；c_0 为空白液中镍元素的浓度(μg/L)；V 为试样体积(mL)；m 为茶叶试样的质量(g)。

六、注意事项

消解试剂的选择对试样预处理的结果影响很大，本实验首先应对不同消解体系的消解效果进行研究，然后选择消解效果最佳的消解试剂消解茶叶样品。

七、问题讨论

(1) 简述石墨炉原子吸收光谱法灵敏度高的原因。

(2) 简述石墨炉原子化过程及各步骤的主要目的。

(3) 在原子吸收分光光度计中，为什么单色器位于火焰之后，而紫外-可见分光光度计中单色器位于吸收池之前？

实验 13　直接进样-石墨炉原子吸收光谱法测定酱油中铬的含量

一、实验目的

(1) 学习石墨炉原子吸收光谱法测定铬的原理和方法。

(2) 熟悉固体样品直接进样的石墨炉原子吸收光谱法的实验过程和基体改进剂的作用。

二、方法原理

人体内的铬是维持健康必需的微量金属元素，主要是指三价铬离子存在于血液中参与新陈代谢，而六价铬离子对人体有害，毒性较大，如可以引起黏膜充血和脑水肿等病症。工业生产过程中造成的环境污染和食品污染是人体摄入铬元素的主要原因，国家制定了相关的环境和食品中铬的限量标准，以控制人们对铬的摄取量，降低铬对人体健康的影响风险。

石墨炉原子吸收光谱法可以测定固体和液体样品中的微量金属元素，但实际样品的复杂性可能造成严重的干扰而影响分析结果的准确度。基体改进剂可以优化样品高温灰化过程，加速金属元素的释放，减少背景干扰，使测定过程简便快速、污染少。

本实验以硝酸镁为基体改进剂，以标准曲线法进行酱油中微量铬的定量分析，检出限达 5.0 μg/kg。

三、实验仪器和试剂

1. 仪器

原子吸收分光光度计(配石墨炉原子化器，附铬空心阴极灯)。

2. 试剂

硝酸(优级纯)，硝酸镁(分析纯)，重铬酸钾(优级纯)，过氧化氢(优级纯)，市售酱油，实验用水为二次去离子水，即由去离子水或蒸馏水用石英蒸馏器经二次蒸馏得到。

2%硝酸镁基体改进剂：2 g 硝酸镁加入 0.5 mL 硝酸，用去离子水稀释定容于 100 mL 容量瓶中，摇匀。

铬标准储备液(1.000 mg/mL)：准确称取 0.2827 g 重铬酸钾(于 110℃烘干 2 h)溶于 0.5%硝酸溶液中，并以 0.5%硝酸溶液定容于 100 mL 容量瓶中，摇匀。

铬标准使用液(1 μg/mL)：将铬标准储备液用 0.5%硝酸溶液逐级稀释，得到浓度为 1 μg/mL 的铬标准使用液。

四、实验步骤

1. 标准使用液系列和样品溶液的配制

(1) 标准使用液系列的配制：分别准确吸取 0.50 mL、1.00 mL、1.50 mL、2.00 mL、2.50 mL 铬标准使用液(1 μg/mL)于 100 mL 容量瓶中，用 0.5%硝酸稀释至刻度，摇匀。

(2) 样品溶液的配制：准确称取 1 g 左右酱油样品，用 0.5%硝酸溶液定容于 10 mL 容量瓶中，摇匀待测。同时做试剂空白。

2. 标准曲线的绘制

将石墨炉原子吸收光谱法工作条件调整到测定铬的最佳状态：波长 357.9 nm；灯电流 8 mA；光谱通带宽度 0.5 nm；塞曼效应扣除背景。

升温程序：

(1) 干燥 95℃ 20 s，升温速率 10℃/min，保护气体氩气流速为 0.2 L/min。

(2) 干燥 120℃ 15 s，升温速率 25℃/min，保护气体氩气流速为 0.2 L/min。

(3) 灰化 500℃ 15 s，升温速率 50℃/min，保护气体氩气流速为 0.2 L/min。

(4) 灰化 1200℃ 15 s，升温速率 150℃/min，保护气体氩气流速为 0.2 L/min。

(5) 原子化 2500℃　3 s，升温速率 0℃/min，保护气体氩气流速为 0.2 L/min。

(6) 净化 2700℃　2 s，升温速率 0℃/min，保护气体氩气流速为 0.2 L/min。

将空白液和标准使用液系列分别注入石墨炉进行测定，进样体积 10.0 μL，硝酸镁基体改进剂 5.0 μL，测定吸光度。

3. 试样待测液的测定

在测定标准使用液系列相同的仪器条件下，测定样品溶液的吸光度。

五、数据处理

(1) 以标准系列使用液浓度为横坐标，对应的吸光度为纵坐标，绘制标准曲线，获得线性方程和相关系数。

(2) 根据样品的吸光度和取样量，计算酱油中铬的含量(μg/kg)。

六、注意事项

(1) 石墨炉原子吸收光谱法实验过程中的温度控制影响分析结果的重现性和准确度，所以需要严格控制温度程序。

(2) 基体改进剂种类和用量影响准确度、线性范围和相关系数。

七、问题讨论

(1) 简述石墨炉原子吸收光谱法和火焰原子吸收光谱法原理、仪器构成和应用的异同点。

(2) 石墨炉原子吸收光谱法的实验过程中，通水和通氩气的作用分别是什么？

(3) 描述基体改进剂的作用及石墨炉原子吸收光谱法使用基体改进剂的意义。

附：原子吸收分光光度计

原子吸收光谱法是根据物质产生的原子蒸气中待测元素的基态原子对光源特征辐射谱线的吸收符合朗伯-比尔定律进行定量分析的方法。通常原子处于基态，对于某种元素，其原子的基态跃迁到激发态所需要的能量是一定的，这种特征能量由特征谱线提供。在原子吸收光谱法中，利用空心阴极灯作为光源，发射具有某种元素特征波长的特征谱线，通过原子蒸气后，原子蒸气对该特征波长的光产生吸收，根据光的吸收程度计算出溶液浓度，当光强度为 I_0 的光束通过原子浓度为 c 的媒质时，光强度减弱至 I，它遵循朗伯-比尔定律，$A = \lg(I_0/I) = Kc$（A 为吸光度，c 为被测样品浓度，K 为常数）。

原子吸收光谱法的测定对象是金属元素及少数非金属元素，主要应用领域为冶金、地质勘探、质检监督、环境检测、疾病控制等。其方法特点是：检出限低，火焰法可达 ng/mL 数量级，石墨炉法可达 10^{-14}～10^{-10} g；测量精度好，火焰法相对标准偏差小于 1%，石墨炉法为 3%～5%；分析速度快，应用范围广，可测 70 多种元素；选择性好，大多数情况下，共存元素对被测元素不产生干扰。但是分析不同元素，必须使用不同的元素灯，不宜做定性分析，并且对于难熔元素和稀土元素的测定灵敏度很低。

1. 原子吸收分光光度计的基本构成

原子吸收分光光度计根据光路结构可分为单光束和双光束两大类，其基本结构一般由光源、原子化器、单色器、检测器和显示系统五部分组成，如图 2-7 所示。

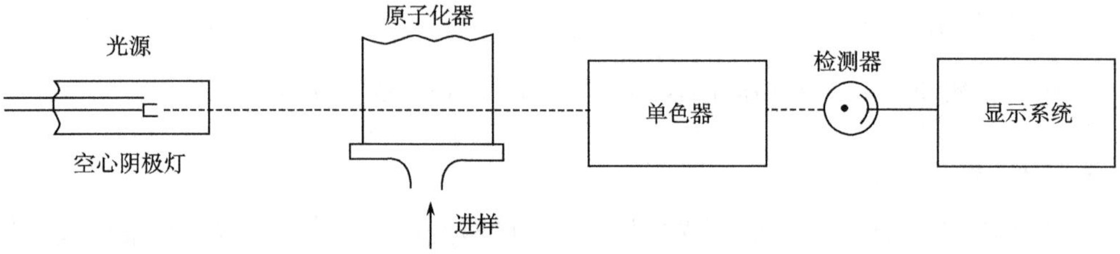

图 2-7　原子吸收分光光度计的基本结构

1) 光源

光源的作用是提供待测元素的特征光谱。若要获得较高的灵敏度和准确度，光源应满足如下要求：能发射待测元素的共振线，能发射锐线，辐射光强度大，稳定性好，寿命长。光源的类型有空心阴极灯(HCL)、无极放电灯(EDL)、可调谐激光光源等，其中空心阴极灯较常用。

空心阴极灯能提供待测元素的特征光谱，其工作原理为：当施加适当电压时，电子从空心阴极内壁流向阳极，与充入的惰性气体碰撞而使之电离，产生正电荷，在电场作用下，正电荷向阴极内壁猛烈轰击，使阴极表面的金属原子溅射出来，溅射出来的金属原子再与电子、惰性气体原子及离子发生碰撞而被激发，于是阴极内辉光中便出现了阴极物质和内充惰性气体的光谱。用不同待测元素作阴极材料，可制成相应元素的空心阴极灯，灯发射的谱线波长取决于阴极材料，空心阴极灯的辐射强度与灯的工作电流有关，其特点是辐射光强度大、稳定、谱线窄、灯容易更换，但是每测一种元素需更换相应的灯。空心阴极灯的构造如图 2-8 所示。

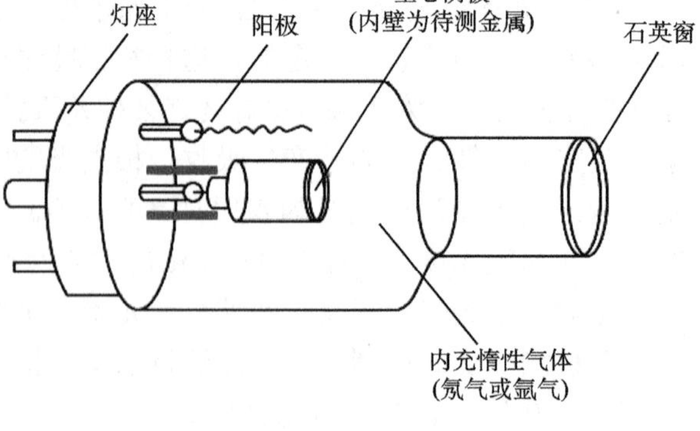

图 2-8　空心阴极灯的构造

2) 原子化器

原子化器的作用是提供能量使试样干燥、蒸发和原子化，入射光束在这里被基态原子吸收。实现原子化的方法有火焰原子化、非(无)火焰原子化、低温原子化等，较常用的原子化装置有火焰原子化器和非火焰的石墨炉原子化器。

火焰原子化的机理是燃料或燃气(如乙炔)与氧化剂或助燃气(如空气)燃烧产生化学火焰，样品中的待测物在这种火焰下分解产生原子。火焰原子化装置由雾化器、混合室和燃烧器组成，如图 2-9 所示。其中，燃烧器的作用是产生火焰，使进入火焰的气溶胶蒸发和原子化。火焰的氧化还原特性按燃气和助燃气比例的不同分为以下三种：

(1) 化学计量性火焰(中性火焰)：燃气与助燃气的比例与化学反应计量关系相近。

(2) 富燃火焰(还原性火焰)：燃气与助燃气的比例大于化学计量性火焰。

(3) 贫燃火焰(氧化性火焰)：燃气与助燃气的比例小于化学计量性火焰。

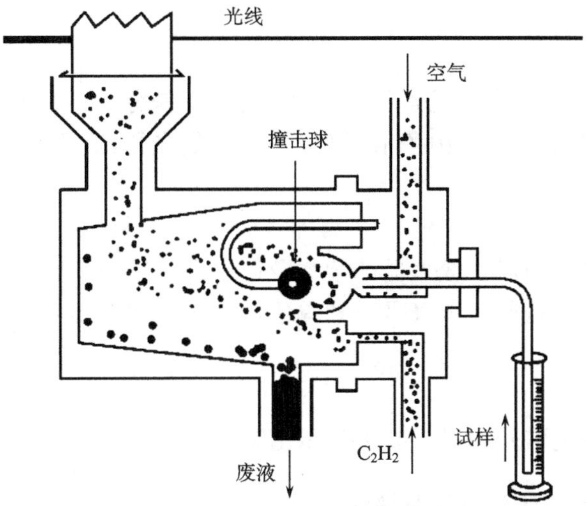

图 2-9　火焰原子化装置

火焰原子化器的特点是操作简单、火焰稳定、测量精密度高、应用范围广。但是火焰原子化效率不高，因此试样利用率低，检出限的降低受到限制，并且只可以液体进样。

非火焰原子化器有多种类型，最常用的是石墨炉原子化器(图 2-10)，它由石墨管炉、加热电源、惰性气体保护系统、冷却水系统组成。加热电源提供低电压(10～25 V)和大电流(500 A)，使石墨管迅速加热升温(如 3000 K)；保护气(氩气或氮气)和水冷外套的作用是保护石墨管炉体不被氧化、烧蚀，除去干燥和灰化过程中产生的基体蒸气，避免已经原子化的原子再被氧化；石墨管用于放置待测的样品并方便电加热使样品原子化。

石墨炉原子化过程的四个步骤分别是干燥、灰化、原子化和高温除残。干燥步骤是为了蒸发样品中的溶剂或水分。灰化步骤是除去比被测元素化合物易挥发的基体物质，减少分子吸收。原子化步骤是在高温下使各种形式存在的分析物挥发并解离成中性原子。高温除残步骤是使残留的试样在高温下挥发掉，净化石墨管，以消除记忆效应。

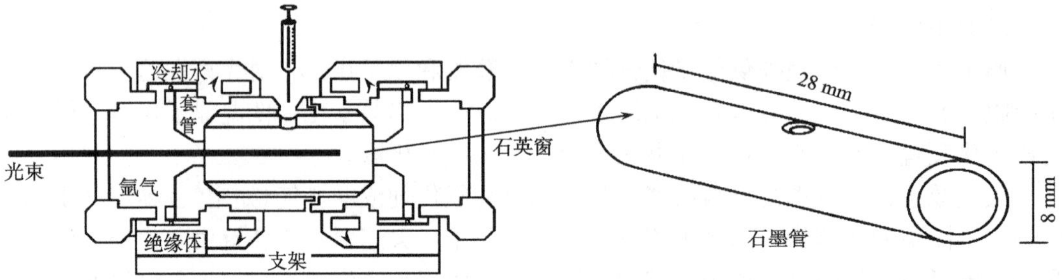

图 2-10　石墨炉原子化装置

石墨炉原子化的特点是灵敏度高、检出限低且进样量少，样品可以是溶液(5～100 μL)或固体形式(几毫克)，悬浮样、乳浊样、有机物等样品可以直接进样。但是，它比火焰原子化方法分析速度慢、精度差、原子化机理复杂、易出现背景问题，需要进行背景扣除。

3) 分光系统

分光系统的作用是使待测元素的共振线(实际上是分析线)与其他谱线分开，只让待测元素的共振线通过。主要由色散元件(常用的是光栅)、入射和出射狭缝、反射镜等组成。

4) 检测系统

检测系统主要由检测器、放大器和读数及记录系统组成。原子吸收光谱法中常用光电倍增管作光电转换，将原子蒸气吸收和单色器分光后的微弱光信号转换为电信号，并将信号放大。

5) 显示系统

显示系统是将测定信号用显示装置显示出来。

2. 原子吸收分光光度计的基本操作

原子吸收分光光度计规格型号多样，硬件和软件操作会有不同，但操作步骤相似。下面以 AAS6000 单光束火焰原子吸收分光光度计为例，介绍仪器的操作步骤。

1) 开机前的准备

(1) 检查废液排放管液封，使废液管浸入水中。

(2) 配制标准溶液、未知样品的处理和未知样溶液的准备。

2) 开机及测试

(1) 依次打开计算机主机、仪器主机，登录软件。

(2) 设置元素灯所在灯号(第一次放置空心阴极灯时设置，以后可直接点击使用)。

(3) 依照软件程序调试仪器，设置各种测定参数和实验条件。

(4) 打开空气压缩机，使空气表盘为 0.2 MPa，打开乙炔钢瓶，使乙炔表盘为 0.05 MPa，点火，调节乙炔流量。

(5) 依照软件程序测试标准溶液吸光度并制作标准曲线，然后进行未知样测试。

3) 关机

(1) 测试完毕后，用吸样管吸取超纯水清洗原子化器 5 min，先关闭乙炔总阀，火焰熄灭后再关闭空气，直至压力表回“0”。

(2) 依次关闭软件、仪器主机、计算机。

(3) 待燃烧头冷却后盖上仪器罩。整理试剂和仪器，打扫实验室卫生，填写仪器使用记录。

3. 原子吸收分光光度计的安全操作须知

(1) 原子吸收实验室要有良好的通风设备，确保实验所产生的废气能排出室外。

(2) 乙炔为易燃易爆气体，必须严格按照安全规范操作。原子吸收实验室内不准有明火，乙炔钢瓶必须和原子吸收分光光度计分开，不放在同一房间内，或者将乙炔钢瓶放入钢瓶柜中。

(3) 点火时，乙炔流量不能超过 2.5 L/min (AAS6000 型)，并且在点火前废液管中必须有水封。

(4) 乙炔钢瓶输出压力不能超过 0.12 MPa (AAS6000 型)，即乙炔钢瓶的工作压力一定要控制在规定范围内，不得超压工作。

(5) 仪器点火后，操作人员不要远离仪器，熄火时，应先关闭乙炔钢瓶，使火焰自动熄灭。

(6) 石墨炉原子吸收分光光度计的冷却水、电源、保护气要严格按照仪器使用说明书要求操作。

(7) 仪器正在使用时，注意突然停电、停水及气流不足时应采取的安全措施。

2.3　原子荧光光谱法

实验 14　氢化物-原子荧光光谱法测定废水中汞的含量

一、实验目的

(1) 学习原子荧光光谱法的基本原理和方法特点。

(2) 熟悉原子荧光光谱仪的基本构成及操作方法。

(3) 掌握氢化物发生-原子荧光光谱法测定汞的实验技术。

二、方法原理

原子荧光光谱法是将分析样品进行原子化，气体原子吸收一定的辐射光后被激发，处于激发态的原子不稳定，从高能级态跃迁至低能级态，包括跃迁到基态，多余的能量以光子的形式释放出去，产生原子荧光发射，检测荧光发射的强度而进行成分的分析检测。该方法主要应用于环境、地质、石油、化工、食品和医药卫生等领域，是一些元素分析的标准方法。

汞是剧毒物质，能够引起人体的全身中毒，其主要污染来源是采矿、冶金、石油、化工和电镀等工业废水，所以对环境水样中汞含量进行分析测定十分重要。氢化物发生-原子荧光光谱法测定汞是在酸性条件下，以硼氢化钾还原样品中的二价汞离子为气态汞，由氩气作载气将气态汞带入电热石英管原子化器中，原子化的汞在汞空心阴极灯照射下，产生汞原子的激发而发射荧光，其荧光发射强度与样品中汞的含量满足下列关系：

$$I_f = \varphi I_0 k l N_0$$

式中：I_f为原子荧光强度；φ为原子荧光效率；I_0为激发光（入射光）强度；k为吸收系数；l为吸收光程；N_0为单位长度内基态原子数。当样品中待测物含量较低、分析条件一定时，荧光发射强度与分析物浓度成正比：

$$I_f = Kc$$

据此可以测定废水中的汞含量，检出限可达 50 ng/L。

三、实验仪器和试剂

1. 仪器

原子荧光光谱仪。

2. 试剂

硝酸溶液（1∶19）：以 10 mL 优级纯 HNO_3 加入 190 mL 水。

硝酸溶液（1∶1）：以 100 mL 优级纯 HNO_3 加入 100 mL 水。

硼氢化钾溶液（0.05%）：称取 0.1 g KBH_4 固体，以 200 mL 0.5% KOH 溶液溶解，现配现用。

汞标准储备液（1.000 mg/mL）：称取 1.080 g HgO（分析纯），分别加入 170 mL 1∶1 HCl 溶液、24 mL 1∶1 HNO_3 溶液和 1.0 g 固体 $K_2Cr_2O_7$，全部溶解后，转移至 1 L 容量瓶中，用水稀释至刻度，摇匀。

汞标准溶液：准确移取汞标准储备液 5.00 mL，以 0.5 g/L $K_2Cr_2O_7$ 的 1∶19 HNO_3 溶液稀释至 100 mL 容量瓶中，摇匀，得到 50.0 μg/mL 汞标准溶液。再以 0.5 g/L $K_2Cr_2O_7$ 的 1∶19 HNO_3 溶液逐级稀释至 50.0 μg/L，备用。

四、实验步骤

1. 开机和设定仪器测量条件

按照仪器操作说明开机，设定仪器测量条件如下：灯电流 15 mA，负高压 260 V，原子化温度 200℃，原子化器高度 8 mm，载气流速 400 mL/min，屏蔽气流速 800 mL/min，然后预热 30 min。以 1∶19 硝酸溶液为载流，0.05%硼氢化钾溶液为还原剂，氩气为载气将汞引入原子化器，读数时间为 10 s，延迟时间为 1 s，注入量为 0.8 mL，读数方式为峰面积，测量方式为标准曲线法，重复次数为 3 次。

2. 配制标准溶液和样品溶液

分别准确移取 0 mL、2 mL、4 mL、6 mL、8 mL、10 mL 50.0 μg/L 汞标准溶液于 6 个 50 mL 容量瓶中，均加入 5.00 mL 1∶1 HNO_3 溶液，用水稀释定容，摇匀，即获得 0.00 μg/L、2.00 μg/L、4.00 μg/L、6.00 μg/L、8.00 μg/L 和 10.00 μg/L 的汞标准溶液系列。

取 5.00 mL 样品溶液于 50 mL 容量瓶中，加入 5.00 mL 1∶1 HNO_3 溶液，用水稀释定容，摇匀，即为样品溶液。

3. 荧光分析

按照仪器使用说明，用 1∶19 HNO_3 溶液进行荧光分析，待读数稳定后，分别测定汞标准溶液和样品溶液的荧光强度。

4. 实验结束

实验结束后，分别用 1∶19 HNO_3 溶液和水清洗仪器的管道，按操作规程关机，松开蠕动泵压块。

五、数据处理

(1) 依据汞标准溶液的荧光强度和浓度，获得标准曲线的线性方程和相关系数。

(2) 由样品溶液的荧光强度和线性方程，计算样品中的汞含量(μg/L)。

六、注意事项

(1) 使用汞标准溶液和样品溶液时，注意回收和清洗，避免汞的毒性和污染，使用过的容器用自来水洗涤后，需要用酸浸泡清洗。

(2) 汞标准储备液和标准溶液等需要加 0.5 g/L $K_2Cr_2O_7$ 保护剂，而且标准溶液要现配现用。

(3) KBH_4 溶液储存在冰箱的冷藏室中，可以保持一周时间。

七、问题讨论

(1) 怎样实现样品中无机态和有机态汞含量的分别测定？

(2) 试描述原子吸收光谱法和原子荧光光谱法原理、仪器和应用的异同点。

实验 15　氢化物-原子荧光光谱法测定化妆品中砷的含量

一、实验目的

(1) 学习原子荧光光谱法测定化妆品中砷的原理和方法。

(2) 熟悉化妆品样品的处理过程和方法。

(3) 练习原子荧光光谱仪的基本操作和使用方法。

二、方法原理

原子荧光光谱法是基于气态基态原子核外层电子吸收共振发射线后，发射荧光进行元素定量的分析方法。一定条件下，被测元素的特征荧光发射强度与样品中待测元素的浓度呈线性关系，从而实现定量分析。原子荧光光谱法结合了原子吸收光谱法和原子发射光谱法的优点，并克服了它们的部分缺点，具有灵敏度高、干扰少、线性范围宽和多元素同时测定等特点，是部分痕量金属元素的常用分析方法。

氢化物-原子荧光光谱法是利用 Hg、As、Sb、Bi、Ge、Sn、Pb、Se 等元素氢化物的挥发性，依托载气将样品导入原子化器，实现元素的原子化、吸收和荧光发射，从而进行样品的定量分析。

砷的原子荧光光谱分析可以使用砷的空心阴极灯为锐线光源，选择其 193.7 nm 的特征光激发，从而进行砷的原子荧光光谱分析测定。

在酸性溶液中，硫脲和抗坏血酸将五价砷还原为三价砷，利用硼氢化钠和酸的反应产物氢与三价砷反应，生成气态的砷化氢，在石英管中，砷化氢受热分解而原子化为气态基态砷原子，在 193.7 nm 光激发下，产生砷的原子荧光发射，该荧光发射强度与砷的浓度成正比，用标准曲线法进行定量测定。

三、实验仪器和试剂

1. 仪器

原子荧光光谱仪，砷空心阴极灯，电热消化炉，25 mL 具塞刻度试管，20 mL 离心管，150 mL 锥形瓶，容量瓶，吸量管等。

2. 试剂

砷标准储备液(1.00 mg/mL)：将三氧化二砷于 150℃干燥 2 h，准确称取 0.3300 g，用 10 mL 100 g/L 氢氧化钠溶液低温加热溶解，加入 50 mL 水和 2 滴 1 g/L 酚酞-乙醇溶液，用 2 mol/L 硫酸中和至红色刚好消失，再过量 10 mL，定量转移至 250 mL 容量瓶中，用水稀释至刻度，摇匀。

砷标准使用液(10.0 μg/mL)：准确移取砷标准储备液 1.00 mL 于 100 mL 容量瓶中，用水稀释至刻度，摇匀。

砷标准使用液(1.00 μg/mL)：准确移取砷标准使用液 10.0 mL 于 100 mL 容量瓶中，用水稀释至刻度，摇匀，现配现用。

硫脲-抗坏血酸混合液：取硫脲 12.5 g，加 80 mL 水，加热溶解，冷却至室温，加抗坏血酸 12.5 g，定量转移至 100 mL 棕色容量瓶中，置暗处保存，保存期为 5 周。

硝酸镁[$Mg(NO_3)_2\cdot 6H_2O$]：500 g/L。

酚酞-乙醇溶液：1 g/L。

氢氧化钠溶液：100 g/L。

硼氢化钠溶液：7 g/L。

盐酸溶液：6 mol/L。

硫酸溶液：2 mol/L。

氧化镁和浓硝酸等。

以上试剂均为优级纯，实验用水均为去离子水，玻璃器皿均用 1:3 硝酸浸泡 12 h 以上，再用自来水和去离子水洗涤。

四、实验步骤

1. 化妆品样品的处理

湿法消化：准确称取 1 g 化妆品样品(对于含有乙醇的化妆品，先挥发溶剂)于 150 mL 锥形瓶中，加入 10 mL 硝酸，数分钟后置于电炉上缓慢加热，开始反应后，取下冷却，加入 2 mL 硫酸，加热消解。如呈现棕色溶液，补加少量硝酸至澄清或呈微黄色溶液，冷却后加入 20 mL 蒸馏水，继续加热至沸腾而产生白烟，冷却后，定量转移至 25 mL 容量瓶中，用水稀释至刻度，摇匀。

干法灰化：准确称取 1 g 化妆品样品于 50 mL 坩埚中，加入 1 g 固体 $MgCl_2$ 和 2 mL 固体 $Mg(NO_3)_2 \cdot 6H_2O$，拌匀后水浴蒸干水分，微火炭化至不冒烟为止，放入马弗炉，于 550℃灰化 5 h，残留的灰分用少量水润湿，以 20 mL 6 mol/L 盐酸溶液分多次对灰分进行溶解，定量转移至 25 mL 容量瓶中，用水稀释至刻度，摇匀。

2. 测定

1) 开机和设定仪器测量条件

按照仪器操作说明开机，设定仪器测量条件如下：灯电流 45 mA，光电倍增管负高压 340 V，原子化器高度 8.5 mm，载气流速 500 mL/min，屏蔽气(氩气)流速 1000 mL/min，测量方式为标准曲线法，读数时间为 12 s，硼氢化钠加液时间为 8 s，进样体积为 2 mL。

2) 标准溶液和样品溶液的配制与测定

标准溶液的配制与测定：分别吸取 0 mL、0.10 mL、0.30 mL、0.50 mL、1.00 mL、1.50 mL 和 2.00 mL 砷标准使用液(1.00 μL/mL)于 25 mL 具塞刻度试管中，加水至 5 mL，摇匀，加入 5.0 mL 6 mol/L 盐酸溶液和 2.0 mL 硫脲-抗坏血酸混合液，混匀后，分别吸取该标准溶液系列 2.0 mL 注入氢气发生器，加入适量 7 g/L 硼氢化钠溶液，测定荧光强度。

样品溶液的配制与测定：取 10.0 mL 试样溶液于 25 mL 具塞刻度试管中，加入 2.0 mL 硫脲-抗坏血酸混合液，混匀，吸取 2.0 mL 注入氢气发生器，加入适量 7 g/L 硼氢化钠溶液，测定荧光强度。

3. 实验结束

实验结束后，分别用 1:19 HNO_3 溶液和水清洗仪器的管道，按操作规程关机，松开蠕动泵压块。

五、数据处理

(1) 记录砷标准溶液的浓度和荧光强度，以砷含量为横坐标，荧光强度为纵坐标，获得标准曲线的线性方程和相关系数。

(2) 由样品溶液的荧光强度和线性方程，计算样品中的砷含量(μg/g)。

六、注意事项

(1) 注意温度影响硫脲和抗坏血酸还原五价砷的反应速率，常温下，还原时间为 15 min，而温度低于 15℃时，还原时间需要 30 min 以上。

(2) 制作标准曲线和样品测试时，要保持硼氢化钠用量的一致性，以保证实验的重现性。

七、问题讨论

(1) 还有什么试剂能够将砷化物还原为砷化氢？

(2) 试说明原子荧光光谱法为什么要将五价砷还原为三价砷。

实验 16　原子荧光光谱法同时测定饮用水中砷和硒的含量

一、实验目的

(1) 学习原子荧光光谱法同时测定水样中砷和硒的原理和方法。

(2) 熟悉原子荧光光谱仪的基本构成和操作方法。

(3) 了解原子荧光光谱法的特点和应用。

二、方法原理

砷和硒是饮用水中的常规毒理学指标，我国卫生标准对于生活饮用水中砷和硒的限量是小于 0.01 mg/L。所以，为了保证饮水安全，饮用水中的砷和硒含量测定十分重要。

原子荧光光谱法是测定实际样品中重金属含量的常用分析方法。该方法灵敏度高、选择性好、线性范围宽、操作方便，而且可以多元素同时检测，分析效率高，降低了检测成本。

实际样品中的砷和硒经过样品预处理后转化为三价砷和四价硒，再以硼氢化钾为还原剂，使其产生气态的砷化氢和硒化氢，然后用氩气为载气，将这些气态的氢化物带入原子化器中进行原子化，以砷、硒空心阴极灯作为激发光源，使砷和硒原子产生荧光，在一定的浓度范围内，荧光强度与其浓度成正比，使用标准曲线法进行样品中硒和砷的含量测定。

反应方程式如下：

$$KBH_4 + 3H_2O + H^+ \xlongequal{} H_3BO_3 + K^+ + 8H$$

$$As^{3+} + 6H \xlongequal{} AsH_3\uparrow + 3H^+\uparrow,\ 2AsH_3 \xlongequal{} 2As + 3H_2\uparrow$$

$$H^+ + H_2O + SeO_2 + BH_4^- \longrightarrow H_2Se\uparrow + H_2\uparrow + H_3BO_3, \quad H_2Se \longrightarrow Se + H_2\uparrow$$

三、实验仪器和试剂

1. 仪器

原子荧光光谱仪，砷空心阴极灯，硒空心阴极灯等。

2. 试剂

砷标准储备液(100 μg/mL)：将三氧化二砷固体于 150℃干燥 2 h，准确称取 0.1320 g，用 10 mL 40 g/L 氢氧化钠溶液低温加热溶解，加入 10 mL 6 mol/L 盐酸溶液，定量转移至 1 L 容量瓶中，用水稀释至刻度，摇匀。

硒标准储备液(100 μg/mL)：准确称取 0.1405 g 分析纯二氧化硒固体，用少量水溶解后，定量转移至 1 L 容量瓶中，用水稀释至刻度，摇匀。

砷和硒混合标准溶液(1.00 μg/mL)：准确移取砷和硒标准储备液各 1.00 mL 于 100 mL 容量瓶中，以 3%盐酸溶液稀释至刻度，摇匀。

硫脲-抗坏血酸的盐酸混合液：在 100 mL 水中加入 25 mL 盐酸，取硫脲 5 g 和抗坏血酸 5 g 置于其中溶解，稀释至 500 mL，现配现用。

硼氢化钠溶液：取 0.8 g NaOH 固体溶于 200 mL 水中，取 6 g 硼氢化钠固体溶于该碱性溶液中，稀释至 400 mL，现配现用。

3%盐酸载流溶液：将 15 mL 浓盐酸溶于 485 mL 水中，搅拌均匀。

氢氧化钠溶液：40 g/L。

盐酸溶液：1:1 水溶液。

浓盐酸。

四、实验步骤

1. 开机及设定仪器测试条件

按照仪器操作说明开机，设定仪器测量条件如下：灯电流 20 mA，负高压 260 V，原子化器温度 200℃，原子化器高度 8 mm，载气流速 400 mL/min，屏蔽气(氩气)流速 800 mL/min，仪器预热 30 min。读数时间为 10 s，延迟时间为 1 s，进样体积为 0.5 mL，测量方式为标准曲线法，读数方式为峰面积，重复次数为 3 次。

2. 标准溶液和样品溶液的配制与测定

混合标准溶液的配制与测定：吸取 5.00 mL 1.00 μg/mL 砷和硒混合标准溶液于 50 mL 容量瓶中，用硫脲-抗坏血酸的盐酸混合液稀释至刻度，摇匀，配制 100 μg/L 砷和硒混合标准溶液。再分别吸取该溶液 0 mL、0.50 mL、1.00 mL、2.00 mL、3.00 mL、4.00 mL 和 5.00 mL 于 50.0 mL 容量瓶中，用硫脲-抗坏血酸的盐酸混合液稀释至刻度，摇匀，即为砷和硒浓度分别为 0 μg/L、1 μg/L、2 μg/L、4 μg/L、6 μg/L、8 μg/L 和 10 μg/L 混合标准溶液。在设定的仪器测量条件下，将蠕动泵压块压紧，连续用3%盐酸载流溶液进样，待读数稳定后，按照浓度由低到高的顺序，分别测定混合标准溶液砷和硒的荧光强度。

样品溶液的配制与测定：取50.0 mL饮用水样品于50 mL容量瓶中，加入2.5 mL浓盐酸、0.5 g硫脲和0.5 g抗坏血酸，继续加该水样至刻度，摇匀，放置20 min。待砷和硒混合标准溶液测定后，用同样方式测定饮用水样品的荧光强度。

3. 实验结束

实验结束后，用3%盐酸载流溶液和水分别清洗仪器的管道5 min以上，按操作规程关机，最后松开蠕动泵压块。

五、数据处理

(1) 依据砷和硒混合标准溶液的浓度及其对应的荧光强度，绘制各自的标准曲线，获得线性方程和相关系数。

(2) 根据样品溶液砷和硒的荧光强度，计算样品中砷和硒的含量(μg/L)。

六、注意事项

(1) 在浓度较高的砷和硒混合标准溶液配制过程中，不能使用硫脲-抗坏血酸的盐酸混合液。因为该混合液对于硒的测定存在较大影响，所以使用盐酸溶液即可。

(2) 配制标准溶液和样品溶液时，要保持溶液的酸度条件一致。

七、问题讨论

(1) 解释原子荧光光谱法为什么能够多元素同时分析。

(2) 通过实验说明，原子荧光光谱法进行多元素同时分析的注意事项主要有哪些。

实验17　原子荧光光谱法测定土壤中铅的含量

一、实验目的

(1) 学习原子荧光光谱法测定土壤中铅含量的原理和方法。

(2) 熟悉氢化物-原子荧光光谱法的原理及应用。

(3) 练习原子荧光光谱仪的基本操作。

二、方法原理

土壤中的铅一般来源于大自然或人为污染，污染量为2～200 mg/kg，其危害主要体现为造成农作物的重金属污染和重新进入环境空气、环境水体而引起环境重金属超标等问题。而铅在人体内属于有害金属元素，并且铅不易被排泄，会造成日积月累的体内蓄积，一旦体内铅过量，就会造成神经系统、造血系统、免疫系统和消化系统等多器官性的严重危害。

原子荧光光谱法是分析检测实际样品中重金属的有效方法，该方法灵敏度高、选择性好、线性范围宽、操作方便，而且可以多元素同时检测，分析效率高，降低了检测成本。氢化物-原子荧光光谱法是将样品中的分析元素(如 As、Bi、Sb、Pb、Sn、Se 等)与硼氢化钾反应，生成挥发性金属氢化物，然后借助惰性载气流将其导入原子化器实现金属元素的原子化，吸收光源的特征激发光能量而被激发至高能态，之后回到低能态时，多余的能量以光辐射的形式发射该元素的特征荧光。

土壤中铅的荧光光谱法测定中，以硼氢化钾为还原剂，使其产生气态的氢化铅，然后用氩气为载气将这些气态的氢化物载入原子化器中进行原子化，以铅空心阴极灯作为激发光源，使铅原子产生荧光发射，在一定的浓度范围内，荧光强度与其浓度成正比，使用标准曲线法进行样品中铅的含量测定。

反应方程式如下：

$$KBH_4 + 3H_2O + H^+ = H_3BO_3 + K^+ + 8H$$

$$6H + Pb^{2+} = PbH_4\uparrow + 2H^+\uparrow，PbH_4 = Pb + 2H_2\uparrow$$

三、实验仪器和试剂

1. 仪器

原子荧光光谱仪，铅空心阴极灯，电热板等。

2. 试剂

铅标准储备液：5 mg/L。

铅标准使用液：0.5 mg/L。

2%草酸溶液。

10%铁氰化钾溶液。

硼氢化钠-氢氧化钠溶液：取 2 g NaOH 固体溶于 200 mL 水中，取 8 g 硼氢化钠固体溶于该碱性溶液中，稀释至 400 mL，现配现用。

盐酸和硝酸：优级纯。

四、实验步骤

1. 开机及设定仪器测量条件

按照仪器操作说明开机，设定仪器测量条件如下：灯电流 80 mA，负高压 280 V，原子化器温度 200℃，原子化器高度 8 mm，载气流速 400 mL/min，屏蔽气(氩气)流速 1000 mL/min，仪器预热 30 min。读数时间为 10 s，延迟时间为 1 s，进样体积为 0.5 mL，测量方式为标准曲线法，读数方式为峰面积，重复次数为 3 次。

2. 标准溶液的配制与测定

分别准确吸取 0.00 mL、1.00 mL、2.00 mL、4.00 mL、8.00 mL 和 10.0 mL 0.5 mg/L 铅标准使用液于 50 mL 容量瓶中，分别加入 10.0 mL 2%草酸溶液、10.00 mL 10%铁氰化

钾溶液、5.00 mL 1%硝酸和 1.00 mL 浓盐酸，用水稀释至刻度，充分摇匀，即获得铅浓度分别为 0.00 μg/L、10.0 μg/L、20.0 μg/L、40.0 μg/L、80.0 μg/L 和 100.0 μg/L 的标准溶液，放置 30 min。

在给定的仪器条件下，使用硼氢化钠-氢氧化钠溶液为还原剂，2%盐酸溶液为载流，对标准溶液分别进行测定，获得各种浓度下铅的荧光强度。

3. 样品溶液的配制与测定

准确称取 1.0 g 土壤样品，加入 20 mL 王水，加热消解近干，冷却后，加入适量高氯酸，继续加热消解近干后，冷却，定量转移，并以 1%硝酸溶液定容至 100 mL。样品溶液静置后，取上清液 2.5 mL，加入 5.0 mL 2%草酸溶液、5.0 mL 10%铁氰化钾溶液和 0.5 mL 浓盐酸，用去离子水定容至 25 mL，摇匀后放置 30 min。

在与标准溶液测定同样条件下，测定该样品溶液中铅的荧光强度。

4. 实验结束

实验结束后，用 3%盐酸载流溶液和水分别清洗仪器的管道 5 min 以上，按操作规程关机，最后松开蠕动泵压块。

五、数据处理

(1) 依据铅标准溶液的浓度及其对应的荧光强度，绘制标准曲线，获得线性方程和相关系数。

(2) 根据样品溶液中铅的荧光强度，计算样品中铅的含量(mg/kg)。

六、注意事项

(1) 在铅的原子荧光光谱法测定中，酸度对于测定值影响较大，所以需要控制标准溶液和样品溶液的酸度一致。

(2) 原子荧光光谱法一般应用于重金属元素分析，所以要注意回收样品溶液和实验废液，以免造成污染。

七、问题讨论

(1) 原子荧光光谱仪的光源一般有哪些？各有什么特点？

(2) 简述原子荧光光谱法的主要应用。

附：原子荧光光谱仪

原子荧光光谱法是利用气态基态原子吸收特定波长的光辐射而被激发至高能态，再回到低能态时，多余的能量以光辐射的形式发射出特征荧光，由此进行元素组成和含量的测定。该方法综合了原子发射光谱法和原子吸收光谱法的优点，灵敏度高、选择性好、线性范围宽、可多元素同时测定，是一种微量及痕量组分分析技术，在环境、矿物、医学和生物等领域有着广泛的应用。

1. 原子荧光光谱仪的基本构成

原子荧光光谱仪有不同的型号，但基本部件包括激发光源、原子化器、分光系统和检测系统(包括光电转换、信号放大和数据处理及显示等)。图 2-11 是原子荧光光谱仪的基本构成方框图。

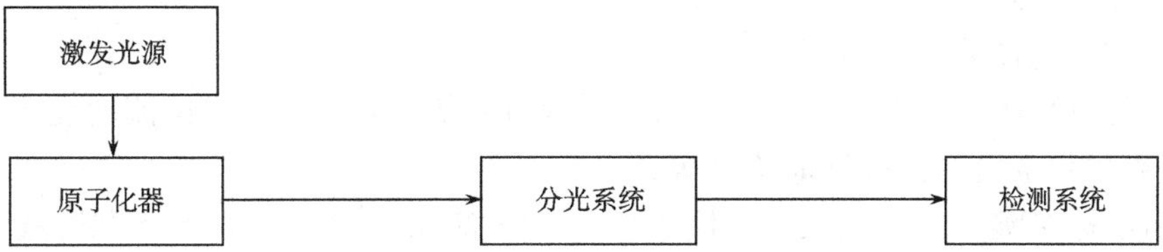

图 2-11　原子荧光光谱仪的基本构成方框图

1) 激发光源

原子荧光光谱仪中的激发光源主要提供待测元素激发的辐射能，要求该光源发光强度大、稳定性好、无自吸和寿命长、噪声小等。目前，主要有高强度空心阴极灯、无极放电灯、激光等锐线光源和氙弧灯等连续光源。其中使用最多的是空心阴极灯。

2) 原子化器

原子荧光光谱仪的原子化器主要是提供样品元素的原子化，一般有火焰原子化器和电热原子化器两类。

火焰原子化器：空气-乙炔火焰原子化器因为燃烧反应而存在较强的光谱背景，所以荧光分析时的检出限不理想。氩-氢火焰原子化器的背景发射较弱，检出限好，但火焰温度较低，只能用于简单样品的分析。所以，火焰原子化器原子荧光光谱法的应用有限。氢化物法原子化器：该方法是指含有 As、Sb、Bi、Se、Te 或 Sn 的酸性溶液中加入硼氢化钾后，这些元素可以生成氢化物，从而引入氢火焰实现原子化，实现这些金属元素的高灵敏度分析。

3) 分光系统

原子荧光光谱仪的光源和检测器呈直角，以避免光源对原子荧光信号的影响。分光器在样品和检测器之间，原子荧光光谱一般比较简单，主要要求分光系统有较好的集光性能，对色散率要求不高，一般使用棱镜或光栅作分光器。

4) 检测系统

检测系统包括光电转换器和信号放大器、数据输出等。一般使用光电倍增管、光电二极管阵列作光电转换器，而且信号放大之后，用计算机软件处理数据，实现实时图像显示、曲线拟合和数据打印等，使原子荧光光谱法的分析过程更加快捷简便。

2. 原子荧光光谱仪的基本操作

国内外有许多厂家生产原子荧光光谱仪，规格型号多样，软硬件操作也有不同，但操作步骤相似，基本操作步骤如下。

1) 开机

开机顺序：开启计算机→开启氩气气源(主压表完全打开，分压表输出调整到 0.2～0.3 MPa)→开启仪器→打开操作软件。

2) 测试

(1) 用鼠标左键双击桌面软件图标，打开操作系统。

(2) 选择需检测元素的空心阴极灯，进行系统自检。

(3) 建立或选择数据存储库。

(4) 设置负高压和灯电流、延迟时间和读数时间等仪器条件、断续流动程序，输入标准样品参数和测量道的标准样品浓度等。

(5) 用鼠标左键单击“点火”，仪器预热 10～20 min 之后，开始标准溶液和样品溶液的测量、数据处理和打印输出等。

3) 关机

退出软件→关闭氩气气源(分压表旋松，主压表完全关闭)→关闭仪器→关闭计算机，旋转固定块将压块释放对泵头的压力。同时，整理好试剂、仪器，做好台面和地面等实验室的卫生，填写仪器使用记录本并签字。

3. 原子荧光光谱仪的日常保养和注意事项

原子荧光光谱仪属于精密分析仪器，所以平时需要合适的维护和保养，以保证仪器的正常运行和测量结果的可靠性、稳定性，也能够延长仪器的使用寿命。

(1) 开机和关机要规范操作。

(2) 使用过程中，密切关注管路的密封性，发现漏液时应立即停止输液泵，查找漏液原因并修复，而且要及时清理漏液，避免腐蚀仪器，之后才可以连接管路继续实验。

(3) 每次实验结束后，要用自来水清洗仪器管路，并取下蠕动泵泵卡，避免长时间被压而变形，进而影响使用寿命。

(4) 定期在泵管与泵头滚轮间的空隙之间滴加硅油，以保护泵管。

(5) 长期不使用仪器时，应每个月开机运行仪器半小时左右(测量状态下预热)，以延长灯及仪器的寿命。

第3章　分子光谱分析法

分子光谱又称为分子波谱，是由分子中的电子能级、振动能级和转动能级的变化产生的带状光谱，利用分子光谱特征而建立的光学分析方法称为分子光谱分析法，包括紫外-可见分光光度法、分子荧光光谱法、红外光谱法和拉曼光谱法等。这些方法均建立在分子结构基础上的光吸收、发射性质原理基础之上，所以它们都是分子结构分析方法。而不同的分子光谱分析方法具有各自不同的原理、特点和应用范围，如紫外-可见分光光度法用于鉴定共轭生色团或特定基团化合物，依据光吸收基本定律——朗伯-比尔定律，能够实现定量分析和化合物的基本常数测定，如酸式解离常数、碱式解离常数、配位数和配合物稳定常数等；分子荧光光谱法是一种光致发光分析方法，灵敏度高、选择性好、简便快速，是医学、生物学和免疫学等研究的重要手段；红外光谱能够反映分子结构中的官能团信息，具有高度的特征性，是鉴定未知化合物分子结构或确定其化学基团的有效方法，同时根据红外吸收峰强度可以进行定量分析及纯度鉴定等；拉曼光谱是一种分子的散射光谱，具有分子的结构信息，适用于水溶液中化合物的骨架检测，也可以内标法定量分析，在生物、医学、药物和材料学科领域有着广泛的应用。实现分子光谱分析的仪器，其基本构成包括光源、单色器、吸收池和检测器等。不同的分子光谱分析仪器具有不同的分析特性，所以这些部件的种类、作用及排列方式等具有差异。

3.1　紫外-可见分光光度法

实验18　鉴定和识别有机化合物中的电子跃迁类型

一、实验目的

(1) 熟悉有机化合物中几种主要的电子跃迁类型。

(2) 了解环境对体系的影响。

(3) 学习紫外-可见分光光度计的使用方法。

二、方法原理

(1) 在有机化合物中通常遇到的电子跃迁类型如表3-1所示。

(2) 生色团是分子中能吸收紫外-可见光而产生电子跃迁的基团，当它们与无吸收的饱和基团相连时，其吸收波长出现在185～1000 nm。

(3) 根据生色团的吸收带类型，可将其分为：①产生于 $\pi\rightarrow\pi^*$ 跃迁的K带；②产生于 $n\rightarrow\pi^*$ 的R带；③产生于芳香化合物禁阻 $\pi\rightarrow\pi^*$ 跃迁的B带。

表 3-1　某些常见生色团的吸收特性

生色团	实例	溶剂	λ_{max}/nm	κ_{max}	跃迁类型
烯	$C_6H_{13}CH{=\!=}CH_2$	正庚烷	177	13 000	$\pi\rightarrow\pi^*$
炔	$C_5H_{11}C{\equiv}C{-}CH_3$	正庚烷	178 196 255	10 000 2 000 160	$\pi\rightarrow\pi^*$ — —
羧基	CH_3COOH	乙醇	204	41	$n\rightarrow\pi^*$
酰胺基	CH_3CONH_2	水	214	60	$n\rightarrow\pi^*$
羰基	CH_3COCH_3	正己烷	186 280	1 000 16	$n\rightarrow\sigma^*$ $n\rightarrow\pi^*$
	CH_3CHO	正己烷	180 293	大 12	$n\rightarrow\sigma^*$ $n\rightarrow\pi^*$
偶氮基	$CH_3N{=\!=}NCH_3$	乙醇	339	5	$n\rightarrow\pi^*$
硝基	CH_3NO_2	异辛烷	280	22	$n\rightarrow\pi^*$
亚硝基	C_4H_9NO	乙醚	300 665	100 20	$n\rightarrow\pi^*$ —
硝酸酯	$C_2H_5ONO_2$	二氧杂环己烷	270	12	$n\rightarrow\pi^*$

(4) 助色团是一些具有非键电子的基团，如—OH、—OR、—NHR、—Cl、—Br 等，它们本身不能吸收大于 200 nm 的光，但当它们与生色团相连时，会增加生色团的吸收强度，改变分子的吸收波长。

当分子中含有两个或两个以上生色团时，它们之间的相对位置将会影响分子的吸收带，其一般规律如下：①当分子中两个生色团被一个以上的碳原子分开时，产生的吸收等于两个生色团单独存在时的和；②当分子中两个生色团相邻时，其吸收波长比只有一个生色团时出现在较长波长处，且吸收强度增强；③当分子中两个生色团同时与一个碳原子相连时，其吸收情况是上述①、②两种极端条件的中间状态。

吸收峰的位置及强度随使用的溶剂不同而异。这些影响与溶剂的性质、吸收带的特征等有关。一般来说，随着溶剂极性的增加，$n\rightarrow\pi^*$跃迁带向短波移动，而 $\pi\rightarrow\pi^*$跃迁带向长波移动。

三、实验仪器和试剂

1. 仪器

UV-2310 II 紫外-可见分光光度计，1 cm 石英比色皿。

2. 试剂

2.0×10^{-3} mol/L 碘甲烷，溶剂为己烷；2.0×10^{-3} mol/L 碘甲烷，溶剂为甲醇；1.0×10^{-2} mol/L 丙酮，溶剂为水；1.0×10^{-2} mol/L 2,5-己二酮，溶剂为水；4.0×10^{-3} mol/L 甲基酮，溶剂为水；4.0×10^{-3} mol/L 苯，溶剂为甲醇；3.1×10^{-3} mol/L 苯酚，溶剂为甲醇。

四、实验步骤

用与该溶液对应的溶剂为参比，分别测定上述 7 种溶液在 200～650 nm 的吸收光谱曲线。记录其最大吸收波长 λ_{max}(nm)和吸光度 A。

五、数据处理

(1)计算 7 种溶液的摩尔吸收系数 κ_{max}。

(2)用列表形式总结所测试样的 λ_{max}(nm)、κ_{max} 及吸收带的跃迁类型。

六、问题讨论

(1)为什么在紫外-可见光区常用水、甲醇和己烷为溶剂测定吸收光谱曲线？

(2)碘甲烷在水和己烷中测定时，最大吸收波长相差多少？

实验 19　有机化合物的吸收光谱及溶剂效应

一、实验目的

(1)观察溶剂对吸收光谱的影响。

(2)了解不同极性溶剂对有机化合物紫外吸收带位置、形状及强度的影响。

二、方法原理

与紫外-可见吸收光谱有关的电子有三种，即形成单键的 σ 电子、形成双键的 π 电子及未参与成键的 n 电子。跃迁类型有 $\sigma\rightarrow\sigma^*$、$n\rightarrow\sigma^*$、$n\rightarrow\pi^*$、$\pi\rightarrow\pi^*$四种。在以上几种跃迁中，只有 $\pi\rightarrow\pi^*$和 $n\rightarrow\pi^*$两种跃迁的能量小，相应波长出现在近紫外区甚至可见光区，且对光的吸收强烈，是研究的重点。

影响有机化合物紫外吸收光谱的因素有内因和外因两个方面。

内因是指有机物的结构，主要是共轭体系的电子结构。随着共轭体系增大，吸收带向长波方向移动(称为红移)，吸收强度增大。含有生色团的化合物通常在紫外或可见光区产生吸收带；含有杂原子的饱和基团称为助色团，如 OH、NH_2、OR、Cl 等。助色团本身在紫外及可见光区不产生吸收带，但当其与生色团相连时，因形成 $n\rightarrow\pi^*$共轭而使生色团的吸收带红移，吸收强度也有所增加。

影响有机化合物紫外吸收光谱的外因是指测定条件，如溶剂效应等。溶剂效应是指受溶剂的极性或酸碱性的影响，溶质吸收峰的波长、强度及形状发生不同程度的变化。这是因为溶剂分子和溶质分子间可能形成氢键，或极性溶剂分子的偶极使溶质分子的极性增强，从而引起溶质分子能级的变化，使吸收带发生迁移。溶剂极性的改变会使有机化合物 $\pi\rightarrow\pi^*$跃迁和 $n\rightarrow\pi^*$跃迁产生的吸收光谱的位置向不同方向移动。改用极性大的溶剂，一般来说会使 $\pi\rightarrow\pi^*$跃迁谱带红移，而 $n\rightarrow\pi^*$跃迁谱带蓝移(紫移)。溶液的酸碱性也会改变某些化合物吸收光谱的位置。

三、实验仪器和试剂

1. 仪器

UV-2310 II 紫外-可见分光光度计，1 cm 石英比色皿，10 mL 带塞比色管，1 mL、2 mL 移液管。

2. 试剂

丁酮，异亚丙基丙酮，正己烷，乙醇，苯酚水溶液（0.25 g/L），HCl 溶液（0.1 mol/L），NaOH 溶液（0.1 mol/L）。

四、实验步骤

1. 溶剂极性对 $n\rightarrow\pi^*$ 跃迁的影响

（1）在三个 10 mL 带塞比色管中分别加入 0.04 mL 丁酮，然后分别用水、乙醇、正己烷稀释至刻度，摇匀。

（2）将以上三种丁酮溶液分别装入 1 cm 石英比色皿，以各自的溶剂作参比，在 210～350 nm 作波长扫描，记录 λ_{max}，保存吸收光谱。将三种丁酮溶液的吸收光谱进行叠加，打印。

2. 溶剂极性对 $\pi\rightarrow\pi^*$ 跃迁的影响

（1）在三个 10 mL 带塞比色管中分别加入 0.40 mL 异亚丙基丙酮，然后分别用水、乙醇、正己烷稀释至刻度，摇匀。

（2）将以上三种异亚丙基丙酮溶液分别装入 1 cm 石英比色皿，以各自的溶剂作参比，在 210～350 nm 作波长扫描，记录 λ_{max}，保存吸收光谱。将三种异亚丙基丙酮溶液的吸收光谱进行叠加，打印。

3. 溶液酸碱性对苯酚吸收光谱的影响

（1）在两个 10 mL 带塞比色管中分别加入 2.00 mL 苯酚水溶液，然后分别用 0.1 mol/L HCl 溶液、0.1 mol/L NaOH 溶液稀释至刻度，摇匀。

（2）用 1 cm 石英比色皿，以水作参比，在 230～330 nm 作波长扫描，记录 λ_{max}，保存吸收光谱。叠加酸性和碱性苯酚溶液的吸收光谱，打印。

五、数据处理

（1）比较并说明溶剂对丁酮紫外吸收光谱的影响。

（2）比较并说明溶剂对异亚丙基丙酮紫外吸收光谱的影响。

（3）比较并说明溶液酸碱性对苯酚紫外吸收光谱的影响。

六、问题讨论

(1) 在异亚丙基丙酮紫外吸收光谱图上有几个吸收峰？如何判断它们分别属于什么类型的跃迁？

(2) 在本实验中是否可用去离子水代替各溶剂作参比？为什么？

实验 20　双波长紫外吸收法测定苯酚的含量

一、实验目的

(1) 掌握等吸光度法消除干扰的原理和方法。

(2) 学会使用多功能光栅光谱仪。

二、方法原理

分光光度法测定多组分混合物时，通过解联立方程式，可求出各组分含量。然而，对吸收光谱相互重叠的两组分混合物，若只要测定其中某一组分含量，可利用等吸光度法达到目的。

对含有 N 和 M 两组分的试样，设它们的吸收光谱相互重叠，见图 3-1。如要求测定 M 组分含量而消除 N 组分的干扰，则可从 N 的吸收光谱选择两个波长 λ_1、λ_2，在这两个波长处 N 组分具有相等的吸光度，即对 N 来说，无论其浓度为多少，均有 $\Delta A_N = A_{\lambda_1} - A_{\lambda_2} = 0$ 。而对 M 而言，这两个波长下测得吸光度差值 ΔA_M 与 M 的浓度呈线性关系，据此可确定 M 的含量。

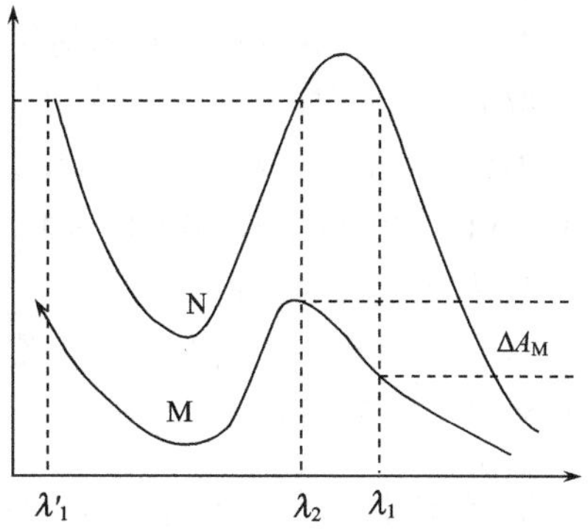

图 3-1　等吸光度法原理示意图

所选波长必须满足两个基本条件：①干扰组分在这两个波长处的吸光度相等，即 ΔA_N 等于零；②待测组分在这两个波长处的吸光度差值 ΔA_M 足够大。

为了选择有利于测量的 λ_1 和 λ_2，应先分别测绘它们单一组分时的吸收光谱，再用作图法确定 λ_1 和 λ_2。在待测组分 M 的吸收峰处或其附近选择测定波长 λ_2，作一垂直于 x 轴的直线，交于干扰组分 N 的吸收光谱上的某一点，再从此点画一平行于 x 轴的直线，在组分 N 的吸收光谱上便可得到一个或几个交点，交点处的波长可作为参比波长 λ_1。当 λ_1 有几个位置可供选择时，所选择的 λ_1 应能获得较大的待测组分的吸光度差值。

在本实验中，2, 4, 6-三氯苯酚水溶液和苯酚水溶液的吸收光谱相互重叠，要求测定 2, 4, 6-三氯苯酚存在下苯酚的含量。

三、实验仪器和试剂

1. 仪器

UV-2310Ⅱ紫外-可见分光光度计，1 cm 石英比色皿，50 mL 容量瓶，5 mL 吸量管，10 mL 吸量管。

2. 试剂

苯酚水溶液(0.250 g/L)，2, 4, 6-三氯苯酚水溶液(0.100 g/L)。

四、实验步骤

1. 溶液的配制

1) 2, 4, 6-三氯苯酚溶液的配制

移取 10.00 mL 浓度为 0.100 g/L 的 2, 4, 6-三氯苯酚水溶液至 50 mL 容量瓶中，用去离子水稀释至刻度，摇匀。

2) 苯酚标准溶液系列的配制

取五个 50 mL 容量瓶，分别加入 2.00 mL、4.00 mL、6.00 mL、8.00 mL、10.00 mL 浓度为0.250 g/L 的苯酚水溶液，用去离子水稀释至刻度，摇匀，配制浓度分别为 10.0 mg/L、20.0 mg/L、30.0 mg/L、40.0 mg/L、50.0 mg/L 的标准溶液。

3) 待测试液的配制

移取 5.00 mL 含有 2, 4, 6-三氯苯酚的未知试样溶液至 50 mL 容量瓶中，用去离子水稀释至刻度，摇匀。

2. 苯酚水溶液及 2, 4, 6-三氯苯酚水溶液吸收光谱的绘制

在 220～350 nm，以去离子水作参比溶液，分别测绘苯酚水溶液(30.0 mg/L)及 2, 4, 6-三氯苯酚水溶液(20.0 mg/L)的吸收光谱。将测得的两个吸收光谱叠加在一起，选择合适的 λ_1 及 λ_2。在选择的波长 λ_1、λ_2 处，再用 2, 4, 6-三氯苯酚水溶液复测其吸光度是否相等。

3. 苯酚标准曲线的绘制及未知试样溶液中苯酚含量的测定

在所选择的测定波长 λ_2 及参比波长 λ_1 处，以去离子水作参比溶液，分别测量苯酚标准溶液系列及待测试液的吸光度。

五、数据处理

(1) 将实验数据记录在表 3-2 中。

(2) 应用 Origin 或 Excel 软件拟合苯酚的标准曲线，获取线性方程及相关系数。

(3) 计算未知试样中苯酚的含量(mg/L)。

表 3-2　波长和吸光度

溶液	λ_2=_____nm	λ_1=_____nm	ΔA
	A_2	A_1	
标准溶液 1			
标准溶液 2			
标准溶液 3			
标准溶液 4			
标准溶液 5			
待测试液			

六、问题讨论

(1) 本实验与普通的分光光度法有什么异同?

(2) 如何根据苯酚和 2,4,6-三氯苯酚的吸收光谱选择测定 2,4,6-三氯苯酚含量的两个波长?

(3) 如需同时测定苯酚和 2, 4, 6-三氯苯酚的含量，应如何设计实验?

实验 21　紫外-可见分光光度法测定饮料中苯甲酸的含量

一、实验目的

(1) 了解和熟悉紫外-可见分光光度计。

(2) 掌握紫外-可见分光光度法测定苯甲酸的方法和原理。

(3) 掌握用标准曲线定量分析的方法。

二、方法原理

为了防止食品在储存、运输过程中发生腐败、变质，常在食品中添加少量防腐剂。防腐剂使用的品种和用量在食品卫生标准中都有严格的规定，苯甲酸及其钠盐、钾盐是食品卫生标准允许使用的主要防腐剂之一。我国规定了苯甲酸(盐)在碳酸饮料中最大使用量为 0.2 g/kg。苯甲酸具有芳香结构，在波长 225 nm 和 272 nm 处有强吸收。

由于食品中苯甲酸用量很少，同时食品中其他成分也可能产生干扰，因此一般需要预先将苯甲酸与其他成分分离。从食品中分离防腐剂常用的方法有蒸馏法和溶剂萃取法等。本实验测定雪碧中的苯甲酸，含有人工合成色素、甜味剂等，但一般在紫外区无吸收，故不干扰测定，样品不用处理，苯甲酸(钠)在 225 nm 处有最大吸收，可在 225 nm 波长处测定标准溶液及样品溶液的吸光度，绘制标准曲线，据此求出样品中苯甲酸的含量。

三、实验仪器和试剂

1. 仪器

UV-2310 II 紫外-可见分光光度计，1 cm 石英比色皿，50 mL、100 mL 容量瓶，5 mL

吸量管。

2. 试剂

苯甲酸(分析纯)，市售饮料(雪碧)。

四、实验步骤

1. 苯甲酸标准储备液的配制

称取 0.1000 g 苯甲酸于 100 mL 容量瓶中，加适量蒸馏水定容，配制成 1 mg/mL 溶液，吸取此液 5 mL 于 50 mL 容量瓶中，用蒸馏水稀释至刻度，所得苯甲酸标准储备液浓度为 100 μg/mL。

2. 标准曲线的绘制

取苯甲酸标准储备液 0.00 mL、1.00 mL、2.00 mL、4.00 mL、6.00 mL，分别置于 5 个 50 mL 容量瓶中，用蒸馏水稀释至刻度。以水为参比，测定 5 号标准溶液的紫外-可见吸收光谱(测定波长范围为 200～350 nm)，找出 λ_{max}，然后在 λ_{max} 处测定五个标准溶液的吸光度 A。

3. 样品处理和测定

雪碧饮料除二氧化碳后，准确移取 2.5 mL 于 100 mL 容量瓶中，用蒸馏水稀释至刻度，在 λ_{max} 处测定吸光度。

五、数据处理

从标准曲线上找出相应的苯甲酸浓度 c_x，按下列公式计算样品中苯甲酸含量：

$$w = c_x \times V_1 / V_2$$

式中：V_1 为样品定容后体积；V_2 为所取样品体积。

六、问题讨论

(1) 举例说明日常生活中遇到的哪些食品中有防腐剂。
(2) 用什么方法从样品中把苯甲酸分离出来？
(3) 食品中苯甲酸检测还有哪些方法？
(4) 苯甲酸通过什么排泄？
(5) 如何利用一元线性回归法绘制标准曲线及计算样品中苯甲酸含量？

实验 22　甲基橙解离常数的测定

一、实验目的

(1) 熟悉紫外-可见分光光度计和 pH 计的使用。

(2)掌握紫外-可见分光光度法测定甲基橙解离常数的方法和原理。

(3)学会综合利用熟悉的基础知识和技能解决实际中遇到的问题。

二、方法原理

分析中所用的指示剂或显色剂一般都是有机弱酸(或弱碱)，在研究这类试剂时，常需先测定其解离常数。本实验介绍利用分光光度法测定弱酸(或弱碱)的解离常数。

对于一元弱酸，在溶液中存在以下平衡：

$$HB \rightleftharpoons H^+ + B^-$$

其解离常数为

$$K_a = \frac{[B^-][H^+]}{[HB]} \tag{3-1}$$

或

$$pK_a = pH + \lg\frac{[HB]}{[B^-]} \tag{3-2}$$

根据式(3-2)，只要知道溶液的 pH 和[HB] / [B⁻]，就可以计算出解离常数 K_a。pH 可用 pH 计测量，$[HB]/[B^-]$可从溶液的吸光度获得。对于浓度为 c 的一元弱酸，可以准备三种溶液：第一种是强酸性溶液，此时可以认为溶液中全部以 HB 形态存在，溶液的吸光度为 A_{HB}

$$A_{HB} = \varepsilon_{HB}c \tag{3-3}$$

第二种溶液呈强碱性，HB 完全解离成 B^-，溶液的吸光度为 A_{B^-}

$$A_{B^-} = \varepsilon_{B^-}c \tag{3-4}$$

第三种是溶液的 pH 在 pK_a 附近，HB 和 B^-在溶液中共存，此时的吸光度为 A

$$A = \varepsilon_{HB}[HB] + \varepsilon_{B^-}[B^-] \tag{3-5}$$

$$c = [HB] + [B^-] \tag{3-6}$$

由式(3-3)～式(3-6)，可得

$$\frac{[HB]}{[B^-]} = \frac{A - A_{B^-}}{A_{HB} - A} \tag{3-7}$$

代入式(3-1)，得

$$K_a = [H^+]\cdot\frac{A_{HB} - A}{A - A_{B^-}} \tag{3-8}$$

代入式(3-2)，得

$$pK_a = pH + \lg\frac{A - A_{B^-}}{A_{HB} - A} \tag{3-9}$$

由测得的溶液的 pH、A_{HB}、A_{B^-} 和 A，就可以算出一元弱酸 HB 的解离常数。对于弱碱也有类似的算法。

甲基橙为一元弱酸，当甲基橙溶液在 pH 为 3.1～4.4 时，存在以下平衡：

$$HMO \rightleftharpoons H^{+} + MO^{-}$$

在某一浓度下，不同的 pH 溶液中，甲基橙有如图 3-2 所示的吸收光谱。

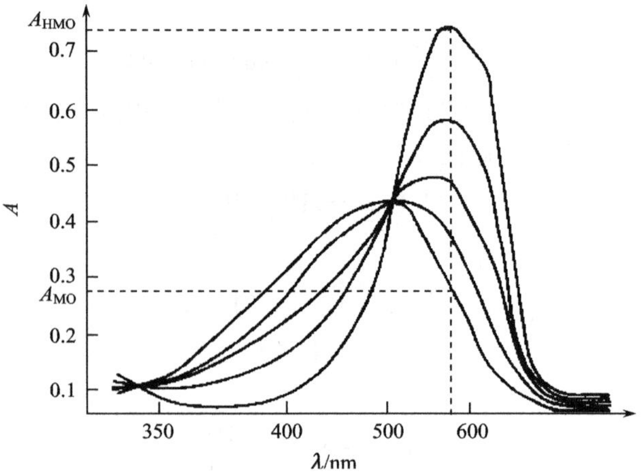

图 3-2　甲基橙溶液的吸收曲线

图 3-2 中，最高曲线为酸式(HMO)的吸收曲线，最低曲线为碱式(MO^{-})的吸收曲线，其他曲线为 HMO 和 MO^{-}共存时的曲线，它们的形状与溶液的 pH 有关。从该图可以得到 A_{HMO} 和 A_{MO^-}，以及不同 pH 时所对应的 A 值，代入式(3-8)，得到 pK_a 值。

三、实验仪器和试剂

1. 仪器

UV-2310Ⅱ紫外-可见分光光度计，pH 计，50 mL 容量瓶，5 mL、10 mL 移液管。

2. 试剂

甲基橙储备液(2×10^{-4} mol/L)，KCl 溶液(2.5 mol/L)，HCl 溶液(2 mol/L)，柠檬酸溶液(0.2 mol/L)，Na_2HPO_4 溶液(0.4 mol/L)。

四、实验步骤

溶液配制：取 7 个 50 mL 容量瓶，编号。移取 5 mL 甲基橙储备液、2 mL KCl 溶液、5 mL 控制 pH 用的缓冲溶液，用水稀释至刻度，摇匀。

pH 的测定：用 pH 计精确测定各溶液的 pH。

吸光度测定：用 1 cm 石英比色皿，以水作参比，测定各溶液吸光度，记录测定结果。

五、数据处理

(1) 设计记录表格。

(2) 用测得的吸光度和 pH，自行推导 A 与 pH 的关系函数，通过作图法得出甲基橙

的解离常数 K_a。

六、问题讨论

(1) 在测定甲基橙的解离常数时，酸式和碱式型体是如何得到的？

(2) 为什么实验中要求甲基橙的浓度一致？本实验中甲基橙储备液浓度为 2×10^{-4} mol/L，配制时需十分准确吗？

(3) 为什么需加入高浓度 KCl 溶液？

实验 23　紫外-可见分光光度法测定蛋白质含量

一、实验目的

(1) 学习紫外-可见分光光度法测定蛋白质含量的原理。

(2) 掌握紫外-可见分光光度法测定蛋白质含量的实验技术。

二、方法原理

本实验采用紫外-可见分光光度法测定蛋白质含量的实验原理如下。

(1) 蛋白质中酪氨酸和色氨酸残基的苯环含有共轭双键，所以蛋白质溶液在 275～280 nm 具有一个明显的紫外吸收峰。在一定浓度范围内，蛋白质溶液在最大吸收波长处的吸光度与其浓度成正比，服从朗伯-比尔定律，可实现定量分析。该法测定蛋白质的浓度范围为 0.1～1.0 mg/mL。该测定方法简单、灵敏、快速，不消耗样品，低浓度的盐类不干扰测定。

(2) 由于不同蛋白质中酪氨酸和色氨酸的含量不同，所处的微环境也不同，所以不同蛋白质溶液在 280 nm 的吸光度也不同。据初步统计，浓度为 1.0 mg/mL 的 1800 种蛋白质及蛋白质亚基在 280 nm 的吸光度为 0.3～3.0。

(3) 若样品中含有嘌呤、嘧啶等核酸类吸收紫外光的物质，在 280 nm 处测量蛋白质含量时会有较大的干扰。核酸在 260 nm 处的光吸收比 280 nm 更强，但蛋白质却恰恰相反，因此可利用 280 nm 及 260 nm 的吸收差计算蛋白质的含量。常用下列经验公式计算：蛋白质浓度(mg/mL)=$1.45A_{280}-0.74A_{260}$(A_{280}和A_{260}分别为蛋白质溶液在 280 nm 和 260 nm 处测得的吸光度)。还可以通过下述经验公式直接计算出溶液中的蛋白质含量：蛋白质浓度(mg/mL)=$F\times A_{280}\times D\times(1/d)$，其中，$A_{280}$为蛋白质溶液在 280 nm 处测得的吸光度；$d$ 为石英比色皿的厚度(cm)；D 为溶液的稀释倍数；F 为校正因子。

(4) 蛋白质的肽键在 200～250 nm 处有强的紫外吸收。其光吸收强度在一定范围与浓度成正比，波长越短，光吸收越强。选用 215 nm 可减少干扰及光散射，因此用 215 nm 和 225 nm 光吸收差值与单一波长测定相比，可减少非蛋白质成分引起的误差。因此，对稀溶液中蛋白质浓度测定，可选用 215 nm 和 225 nm 光吸收差法。常用下列经验公式：蛋白质浓度(mg/mL)=$0.144(A_{215}-A_{225})$(A_{215}和A_{225}分别为蛋白质溶液在 215 nm 和 225 nm 处测得的吸光度)。

三、实验仪器和试剂

1. 仪器

UV-2310 Ⅱ紫外-可见分光光度计，吸量管，比色管。

2. 试剂

蛋白质标准溶液，可用结晶牛血清蛋白或酪蛋白，预先经微量凯氏定氮法测定蛋白质含量，根据其纯度配制成 5.00 mg/mL 溶液；0.9% NaCl 溶液。

四、实验步骤

1. 吸收曲线的绘制

用吸量管吸取 2 mL 5.00 mg/mL 蛋白质标准溶液于 10 mL 比色管中，用 0.9% NaCl 溶液稀释至刻度，摇匀。用 1 cm 石英比色皿，以 0.9% NaCl 溶液为参比，在 190～400 nm 扫描光谱，测量吸光度。

2. 标准曲线的制作

分别移取 5.00 mg/mL 蛋白质标准溶液 0.50 mL、1.00 mL、1.50 mL、2.00 mL 和 2.50 mL 于 5 支 10 mL 比色管中，用 0.9% NaCl 溶液稀释至刻度，摇匀。用 1 cm 石英比色皿，以 0.9% NaCl 溶液为参比，在最大吸收波长 278 nm 处分别测定各标准溶液的吸光度 A，并记录数据。

3. 样品的测定

准确移取待测蛋白质溶液 3 mL 于 10 mL 比色管中，用 0.9% NaCl 溶液稀释至刻度，摇匀。按上述方法测定最大吸收波长处的吸光度。平行测定 3 次。

五、数据处理

(1) 从吸收曲线上选择最适宜的测量波长是 278 nm。

(2) 以吸光度为纵坐标，蛋白质浓度为横坐标，绘制标准曲线。

六、问题讨论

紫外-可见分光光度法测定蛋白质含量的方法有哪些优缺点？受哪些因素的影响和限制？

实验 24　紫外-可见分光光度法测定阿司匹林药片

一、实验目的

(1) 学习阿司匹林的光度法分析原理和实验方法。

(2) 练习紫外-可见分光光度计的基础操作。

(3) 了解药片样品分析的处理方法。

二、方法原理

阿司匹林肠溶片即乙酰水杨酸肠溶片，是临床上应用十分广泛的药物，具有清热止痛、软化血管等药理作用，常用于治疗感冒和风湿性关节炎，防止血栓性疾病等。该药物的含量测定一般采用酸碱滴定法，但该方法测定过程烦琐，影响因素多，测定结果的准确度有限。

阿司匹林在过量的 NaOH 溶液中水解，定量产生水解产物水杨酸钠，水杨酸钠在紫外光谱区有特征吸收，可利用光吸收定律检测其含量，进而测定阿司匹林药片的含量。乙酰水杨酸的分子结构式见图 3-3。

该方法方便快速、准确度高、重现性好。

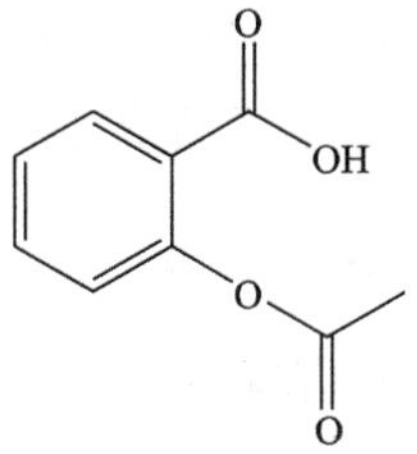

图 3-3　乙酰水杨酸的分子结构式

三、实验仪器和试剂

1. 仪器

UV-2310Ⅱ紫外-可见分光光度计，电热烘箱，分析天平，电炉，研钵，50 mL、100 mL 容量瓶，5 mL、10 mL 吸量管。

2. 试剂

乙酰水杨酸标准储备液(1.0 mg/mL)：准确称取 105℃烘干至恒量的分析纯乙酰水杨酸 0.1000 g，用 50 mL 热水溶解后，冷却并以水定容于 100 mL 容量瓶中，摇匀。

乙酰水杨酸标准使用液(0.2 mg/mL)：准确移取 5 mL 上述 1.0 mg/mL 乙酰水杨酸标准储备液，用水稀释定容于 100 mL 容量瓶中，摇匀。

四、实验步骤

1. 乙酰水杨酸标准溶液的配制

分别移取 0.0 mL、2.0 mL、4.0 mL、6.0 mL、8.0 mL 和 10.0 mL 0.2 mg/mL 乙酰水杨酸标准使用液于 6 个 50 mL 容量瓶中，各加入 1.0 mL 0.1 mol/L NaOH 溶液，用水稀释至刻度，摇匀，获得浓度分别为 0.0 mg/L、8.0 mg/L、16.0 mg/L、24.0 mg/L、32.0 mg/L、40.0 mg/L 的乙酰水杨酸标准溶液。

2. 阿司匹林药片样品溶液的配制

将阿司匹林药片用研钵研成粉末，用分析天平准确称取 0.200 g 该样品粉末于 50 mL 小烧杯中，加入 40 mL 0.1 mol/L NaOH 溶液，搅拌下溶解完全后，定量转移至 100 mL 容量瓶中，用水稀释至刻度，充分摇匀后静置。

3. 测定

按照紫外-可见分光光度计的操作步骤，在 190～350 nm，以标准溶液系列中的空白溶液作为参比溶液，扫描 16.0 mg/L 乙酰水杨酸标准溶液的吸收曲线，获取最大吸收波长。以最大吸收波长为测试波长，空白溶液为参比溶液，测定标准溶液系列的吸光度。

以阿司匹林药片样品溶液的上层清液为测试溶液，采用标准溶液测试的同样条件和方法，测定样品溶液的吸光度。

4. 实验结束

实验结束后，按照仪器操作规程关机，清洗玻璃器皿，做好台面和地面卫生。

五、数据处理

(1) 以乙酰水杨酸浓度为横坐标，吸光度为纵坐标，绘制标准曲线，获得线性方程和相关系数。

(2) 根据样品溶液的吸光度，用线性方程计算样品中阿司匹林药片主成分的含量。

六、问题讨论

(1) 写出乙酰水杨酸的水解方程式，并阐述本实验的基本原理。

(2) 本实验中，影响实验结果准确度的因素主要有哪些？应如何控制这些因素？

附：紫外-可见分光光度计

紫外-可见分光光度法是利用某些物质的分子吸收 190～800 nm 光谱区的辐射进行分析测定的方法。这种分子吸收光谱产生于价电子和分子轨道上的电子在电子能级间的跃迁，广泛用于有机和无机物质的定性和定量测定。该方法具有灵敏度高、准确度好、选择性优、操作简便、分析速度快等特点。

1. 紫外-可见分光光度计的基本构成

紫外-可见分光光度计可分为单光束分光光度计和双光束分光光度计，其主要部件有光源、单色器、吸收池、检测器、信号显示系统等，典型的结构如图 3-4 所示。UV-2310 II 紫外-可见分光光度计为双光束系统，采用全息凹面光栅的 Seya-Namioka (S-N 型) 单色器。

1) 光源

光源用于提供符合要求的入射光。要求该光源在整个紫外光区或可见光区可以发射连续光谱，具有足够的辐射强度、较好的稳定性和较长的使用寿命。通常使用氘灯或钨灯，氘灯作为紫外光源[图 3-5 (a)]，钨灯作为可见光源[图 3-5 (b)]。

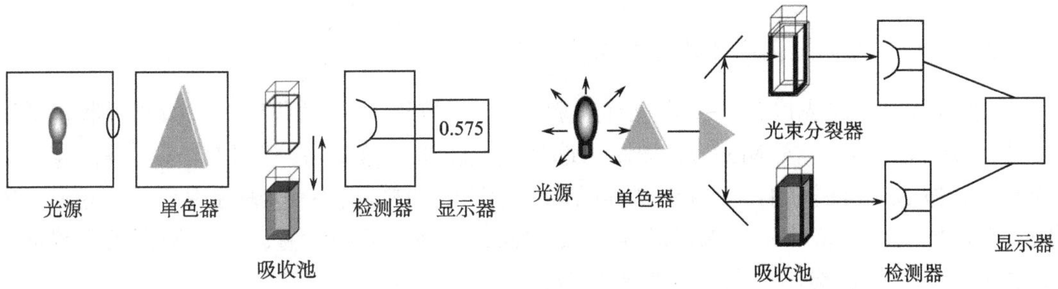

(a) 单光束　　(b) 双光束

图 3-4　分光光度计的基本结构

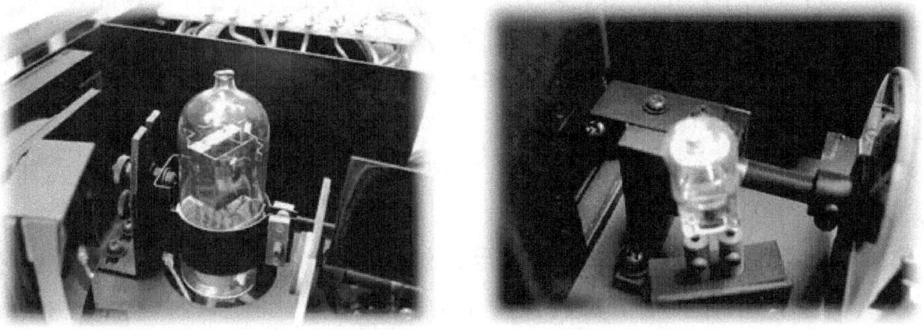

(a) 氘灯(185～375 nm)　　(b) 钨灯(320～1000 nm)

图 3-5　光源

2) 单色器

单色器是分光光度计的心脏部分，它的作用是把来自光源的混合光分解为单色光，并能随意改变波长。单色器主要由狭缝、准直镜和色散元件等组成。入射狭缝用于限制杂散光进入；色散元件为棱镜或光栅，是核心部件，可将混合光分解为单色光；准直镜将来自入射狭缝的光束转化为平行光，并把来自色散元件的平行光聚焦于出射狭缝上；出射狭缝只让特定波长的光射出单色器。UV-2310 II 紫外-可见分光光度计使用 Seya-Namioka 单色器，主要由入射狭缝、色散元件(光栅)、出射狭缝组成，呈现倒 V 形布置。这种单色器由于采用凹面光栅，具有聚光作用，光的能量较高。另外，由于它没有准直镜或反射物镜，因此减少了出故障的概率。

3) 吸收池

吸收池又称为比色皿，是用于盛放待测溶液和决定透光液层厚度的器件。主要有石英吸收池和玻璃吸收池两种。在紫外区须采用石英吸收池，可见区一般用吸收玻璃池。

4) 检测器

检测器利用光电效应将透过吸收池的光信号变成可测的电信号。常用的检测器有光电池、光电管及光电倍增管。

5) 信号显示系统

常用的信号显示装置有直流检流计、电位调节指零装置，以及自动记录和数字显示装置等。

2. 紫外-可见分光光度计的基本操作

紫外-可见分光光度计的基本操作步骤如下：①开始，启动程序；②检验吸收池的成套性；③方法设定，按 Method 按钮，选择扫描范围、读数方式和扫描速度等；④输入样品名，按 Sample 按钮；⑤将空白样品放入参比池和样品池；⑥进行用户基线校正，按 Baseline 按钮；⑦将样品放入样品池，按 Measure 按钮开始测量，打开数据处理界面，如数据检索、峰值检出、图谱平滑求导等；⑧完成测量。

3. 紫外-可见分光光度计的注意事项

(1) 开机前将样品室内的干燥剂取出，仪器自检过程中禁止打开样品室盖。

(2) 比色皿内溶液以皿高的 2/3～4/5 为宜，不可过满以防液体溢出腐蚀仪器。测定时应保持比色皿清洁，池壁上液滴应用擦镜纸擦干，切勿用手捏透光面。测定紫外波长时，需选用石英比色皿。

(3) 测定时，禁止将试剂或液体物质放在仪器的表面上，如有溶液溢出或其他原因将样品槽弄脏，要尽可能及时清理干净。

(4) 实验结束后将比色皿中的溶液倒尽，然后用蒸馏水或有机溶剂冲洗比色皿至干净，倒立晾干。关闭电源，将干燥剂放入样品室内，盖上防尘罩，做好使用登记，得到管理教师认可后方可离开。

3.2 分子荧光光谱法

实验 25 荧光分析法测定维生素 B_2

一、实验目的

(1) 学习和掌握荧光分析法的基本原理和方法。

(2) 熟悉荧光分光光度计(或荧光光度计)的结构和使用方法。

二、方法原理

在紫外光或波长较短的可见光照射后，一些物质会发射出比入射光波长更长的荧光。以测量荧光强度和波长为基础的分析方法称为荧光分析法。

对同一物质而言，若 $\varepsilon lc \ll 0.05$，即对很稀的溶液，荧光强度 F 与该物质的浓度 c 有以下关系：

$$F = 2.3\varphi_f I_0 \varepsilon lc$$

式中：φ_f 为荧光过程的量子效率；I_0 为入射光强度；ε 为荧光分子的吸收系数；l 为试液的吸收光程。I_0 和 l 不变时

$$F = Kc$$

式中：K 为常数。因此，在低浓度的情况下，荧光物质的荧光强度与浓度呈线性关系。

维生素 B_2 在 430～440 nm 蓝光的照射下发出绿色荧光，其峰值波长为 535 nm。维生素 B_2 的荧光在 pH=6～7 时最强，在 pH=11 时消失。

图 3-6 为维生素 B_2 的吸收(激发)光谱及荧光光谱示意图。本实验采用标准曲线法测定维生素 B_2 的含量。激发光单色器波长选 440 nm。荧光单色器波长选 535 nm，可将 440 nm 的激发光及水的拉曼光(360 nm)滤除，从而避免了它们的干扰。

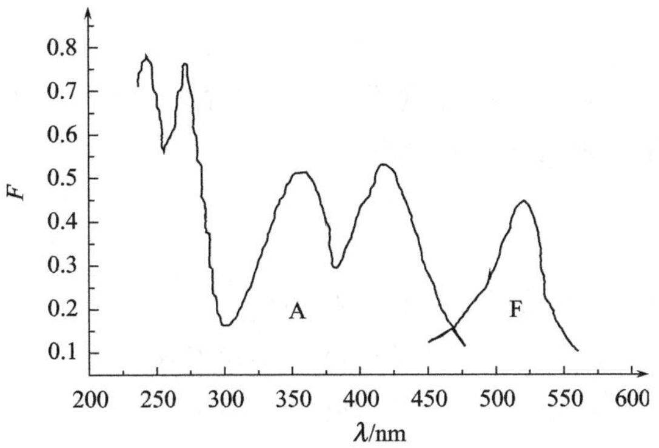

图 3-6　维生素 B_2 的吸收(激发)光谱及荧光光谱示意图

A 表示吸收光谱；F 表示荧光光谱

三、实验仪器和试剂

1. 仪器

WGY-10 荧光分光光度计，50 mL、1 L 容量瓶，5 mL 吸量管，500 mL 棕色试剂瓶，500 mL 洗瓶。

2. 试剂

(1) 维生素 B_2 标准储备液(100.0 mg/L)：准确称取 0.1000 g 维生素 B_2，将其溶于少量 1%乙酸中，转移至 1 L 容量瓶中，用 1%乙酸稀释至刻度，摇匀。

(2) 维生素 B_2 标准使用液(5.00 mg/L)：准确移取 50.00 mL 100.0 mg/L 维生素 B_2 标准储备液于 1 L 容量瓶中，用 1%乙酸稀释至刻度，摇匀。

(3) 待测液：取一片市售维生素 B_2 药片，用 1%乙酸溶液溶解，在 1 L 容量瓶中定容。

以上溶液均应装于棕色试剂瓶中，置于冰箱中冷藏保存。

四、实验步骤

安全预防：乙酸具有腐蚀性，避免直接接触。

1. 标准溶液系列的配制

在 5 个 50 mL 容量瓶中分别加入 1.00 mL、2.00 mL、3.00 mL、4.00 mL 和 5.00 mL

5.00 mg/L 维生素 B_2 标准使用液，用蒸馏水稀释至刻度，摇匀。

2. 标准溶液系列的测定

开启仪器电源，预热约 10 min。用蒸馏水作空白，按照浓度由低到高的顺序，测量标准溶液系列的荧光强度。

3. 未知试样的测定

取 2.50 mL 待测液置于 50 mL 容量瓶中，用蒸馏水稀释至刻度，摇匀。用测定标准溶液系列时相同的条件，测量其荧光强度。

五、数据处理

(1) 用标准溶液系列的荧光强度绘制标准曲线。
(2) 根据待测液的荧光强度，从标准曲线上求得其浓度。
(3) 计算药片中维生素 B_2 的含量，以 mg/片表示。

六、问题讨论

(1) 怎样选择激发光单色器波长和荧光单色器波长？
(2) 在荧光测量时，为什么激发光的入射与荧光的接收不在一条直线上，而呈一定角度？
(3) 为什么荧光发射光波长比吸收光波长要长？

实验 26 荧光分析法测定邻-羟基苯甲酸和间-羟基苯甲酸

一、实验目的

(1) 学习荧光分析法的基本原理和操作。
(2) 用荧光分析法进行多组分含量的测定。

二、方法原理

邻-羟基苯甲酸(也称水杨酸)和间-羟基苯甲酸分子组成相同，均含一个能发射荧光的苯环，但因取代基位置不同而具有不同的荧光性质。在 pH=12 的碱性溶液中，二者在 310 nm 附近紫外光的激发下均会发射荧光；在 pH=5.5 的近中性溶液中，间-羟基苯甲酸不发荧光，邻-羟基苯甲酸因分子内形成氢键增加分子刚性而有较强荧光，且其荧光强度与 pH=12 时相同。利用此性质，可在 pH=5.5 时测定二者混合物中邻-羟基苯甲酸含量，间-羟基苯甲酸不干扰。另取同样量的混合物溶液，测定 pH=12 时的荧光强度，减去 pH=5.5 时测得的邻-羟基苯甲酸的荧光强度，即可求出间-羟基苯甲酸的含量。已有研究表明，二者的浓度为 0～12 μg/mL 均与其荧光强度呈良好的线性关系。

三、实验仪器和试剂

1. 仪器

WGY-10 荧光分光光度计，50 mL 容量瓶，吸量管。

2. 试剂

邻-羟基苯甲酸标准溶液(水溶液，60 mg/L)，间-羟基苯甲酸标准溶液(水溶液，60 mg/L)，pH=5.5 的 HAc-NaAc 缓冲溶液，NaOH 溶液(0.12 mol/L)。

四、实验步骤

1. 配制标准溶液系列和未知溶液

(1) 分别移取 2.00 mL、4.00 mL、6.00 mL、8.00 mL、10.00 mL 邻-羟基苯甲酸标准溶液于已编号的 50 mL 容量瓶中，各加入 5.0 mL pH=5.5 的 HAc-NaAc 缓冲溶液，用去离子水稀释至刻度，摇匀备用。

(2) 分别移取 2.00 mL、4.00 mL、6.00 mL、8.00 mL、10.00 mL 间-羟基苯甲酸标准溶液于已编号的 50 mL 容量瓶中，各加入 5.0 mL 0.12 mol/L NaOH 溶液，用去离子水稀释至刻度，摇匀备用。

(3) 取未知溶液各 5.00 mL 于 50 mL 容量瓶中，其中一份加入 5.0 mL pH=5.5 的 HAc-NaAc 缓冲溶液，另一份加入 5.0 mL 0.12 mol/L NaOH 溶液，均用去离子水稀释至刻度，摇匀备用。

2. 测定荧光激发光谱和发射光谱

1) 邻-羟基苯甲酸的激发光谱

将浓度为 12 mg/L 的邻-羟基苯甲酸放入试样槽中，然后设定测量参数。将工作模式调到“激发扫描”，起始波长 250 nm，终止波长 350 nm，扫描间隔 1 nm，激发狭缝 10 nm，负高压调至使相对荧光强度为 90～100。点击“发射”输入波长 400，点击“确定”。点击“单程”，点击“确定”，图谱扫描完后，点击“读取数据”，选择“自动寻峰”，选择通道 1，点击“荧光谱寻峰”，点击“寻峰”，记录最大激发波长。

2) 邻-羟基苯甲酸的发射光谱

将工作模式调到“发射扫描”，起始波长 250 nm，终止波长 500 nm，扫描间隔 1 nm，发射狭缝 10 nm，负高压调至使相对荧光强度为 90～100。点击“激发”输入“1)”中测得的最大激发波长，点击“确定”。点击“单程”，点击“确定”，图谱扫描完后，点击“读取数据”，选择“自动寻峰”，选择通道 2，点击“荧光谱寻峰”，点击“寻峰”，记录最大发射波长。

3) 间-羟基苯甲酸的激发光谱

将浓度为 12 mg/L 的间-羟基苯甲酸放入试样槽中，其他操作同“1)”。

4) 间-羟基苯甲酸的发射光谱

操作同“2)”。

3. 试样中邻-羟基苯甲酸和间-羟基苯甲酸含量的测定

根据邻-羟基苯甲酸和间-羟基苯甲酸的激发光谱和发射光谱选择定量测量的激发波长和发射波长(310 nm 和 410 nm)。

1) 间-羟基苯甲酸标准曲线的绘制

选择 “工作”、“定量测量”。点击“编辑”，输入浓度单位、激发波长和发射波长。然后点击“添加”，输入 1 号样品浓度“0”(去离子水)，点击“确定”。然后依次添加 2～6 号样品浓度。

在样品池中放入浓度为 0(去离子水)的 1 号样，点击“本底测量”，点击“是”，测量完毕，点 B1，点击“单项测量”，点击“确定”。

依次放入 2～6 号间-羟基苯甲酸溶液，点击“单项测量” ，点击“确定”。

全部样品测量完之后，依次点击“计算标准曲线”、“是”、“取消”、“否”(曲线不用保存)、“打印”。

2) 邻-羟基苯甲酸标准曲线的绘制

溶液换成邻-羟基苯甲酸溶液，其他操作同“1)”。

3) 试样的测定

将 pH=5.5 的未知溶液和 pH=12 的未知溶液依次放入样品池，点击“样品测量”，记录荧光强度。

五、数据处理

(1) 计算原始试液中邻-羟基苯甲酸浓度(mg/L)。

(2) 将 pH＝12 未知溶液的荧光强度与 pH=5.5 未知溶液的荧光强度的差值代入间-羟基苯甲酸的标准曲线方程中，计算稀释的试液中间-羟基苯甲酸的浓度，然后换算成原始试液中的浓度(mg/L)。

六、问题讨论

(1) λ_{ex}^{max}和λ_{em}^{max} 各代表什么？

(2) 在本实验中，测定邻-羟基苯甲酸和间-羟基苯甲酸的含量时，应如何选择激发波长及发射波长？制作标准曲线时，邻-羟基苯甲酸的激发波长及发射波长是否和间-羟基苯甲酸的激发波长及发射波长相同？

实验 27 同步荧光法同时测定色氨酸、酪氨酸和苯丙氨酸

一、实验目的

(1) 了解等波长差同步扫描技术。

(2) 学习用同步荧光法测定多组分混合物的方法。

二、方法原理

色氨酸(tryptophan，Try)、酪氨酸(tyrosine，Tyr)和苯丙氨酸(phenylalanine，Phe)是天然氨基酸中仅有的能发射荧光的组分，可以用荧光法测定。但由于三者的激发光谱和发射光谱互相重叠，常规荧光法不能实现混合物中这三种组分的分别测定。同步扫描荧光光谱技术具有简化、窄化光谱，提高选择性等优点。等波长差($\Delta\lambda = \lambda_{em} - \lambda_{ex}$)同步扫描技术可以通过 $\Delta\lambda$ 的选择，实现多组分混合物的选择性测定。研究表明，当仅有酪氨酸和色氨酸共存时，分别利用酪氨酸($\Delta\lambda$＜15 nm)和色氨酸($\Delta\lambda$＞60 nm)特征的同步扫描光谱可以实现这两组分的分别测定。当同时含有这三种氨基酸时，可以在 pH=7.4 的缓冲介质中，以 $\Delta\lambda$=55 nm 进行同步扫描，利用苯丙氨酸 217 nm、酪氨酸 232 nm 和色氨酸 284 nm 的同步荧光峰进行分别测定。测定范围是：苯丙氨酸 0.07～5 mg/mL；酪氨酸 0.02～1 mg/mL；色氨酸 0.001～0.5 mg/mL。酪氨酸在 268 nm 处的同步荧光峰对色氨酸的测定有一定干扰，但可以校正。

三、实验仪器和试剂

1. 仪器

WGY-10 荧光分光光度计，25 mL 具塞比色管，吸量管。

2. 试剂

色氨酸、酪氨酸和苯丙氨酸标准溶液：先配制 0.5 mg/mL 标准储备液，再逐级稀释配制含色氨酸 1 μg/mL、酪氨酸 2 μg/mL 和苯丙氨酸 10 μg/mL 的标准溶液。

pH=7.4 的 KH_2PO_4-NaOH 缓冲液：0.5 mol/L NaOH 溶液与 0.5 mol/L KH_2PO_4 按 4∶5(体积比)混合而成。

四、实验步骤

1. 标准溶液荧光激发光谱、发射光谱及同步光谱的测定

分别移取 4.0 mL 苯丙氨酸、8.0 mL 酪氨酸和 4.0 mL 色氨酸标准溶液于 3 支 25 mL 比色管中，各加入 2 mL pH=7.4 的 KH_2PO_4-NaOH 缓冲液，用水稀释至刻度，摇匀，测定其荧光激发光谱、发射光谱和同步($\Delta\lambda$=55 nm)光谱。确定其峰值波长和强度。

2. 混合溶液荧光激发光谱、发射光谱及同步光谱的测定

移取 4.0 mL 苯丙氨酸、8.0 mL 酪氨酸和 4.0 mL 色氨酸标准溶液于一支 25 mL 比色管中，加入 2 mL pH=7.4 的 KH_2PO_4-NaOH 缓冲液，用水稀释至刻度，摇匀，测定其荧光激发光谱、发射光谱和同步($\Delta\lambda$=55 nm)光谱。确定其峰值波长和强度。并与实验步骤 1 中图谱比较。

3. 波长差 $\Delta\lambda$ 的确定

移取 4.0 mL 苯丙氨酸、8.0 mL 酪氨酸和 4.0 mL 色氨酸标准溶液于一支 25 mL 比色管中，加入 2 mL pH=7.4 的 KH_2PO_4-NaOH 缓冲液，用水稀释至刻度，摇匀，测定其同步($\Delta\lambda$=40 nm、50 nm、60 nm、70 nm，λ_{ex}=210 nm)光谱，并记录扫描结果。其中，苯丙氨酸、酪氨酸和色氨酸分别对应 217 nm、232 nm 和 284 nm 的同步荧光峰强度。

注意：$\Delta\lambda$ 的选择直接影响同步荧光峰的峰形、峰位和强度，实验中应保持一致。

五、数据处理

(1) 从激发光谱和发射光谱中找出最大激发波长和最大发射波长，以及它们相应的峰高。

(2) 在它们的同步荧光光谱中也确定最大波长和对应的峰高。

六、问题讨论

(1) 同步扫描荧光光谱技术有哪些优点？

(2) 根据两种氨基酸的化学结构(图 3-7)，是否可以不经实验判断其荧光强度的大小？

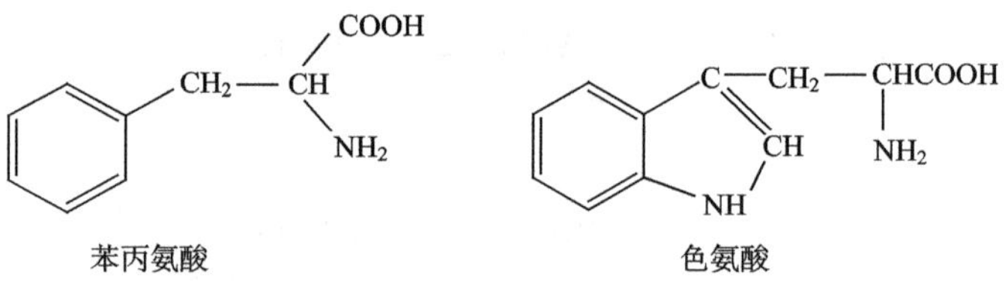

图 3-7　苯丙氨酸和色氨酸的分子结构式

(3) 比较紫外-可见分光光度法和荧光分析法的区别和各自的优缺点。

实验 28　环糊精增敏 4-羟基香豆素衍生荧光法测定肉制品中痕量亚硝酸盐

一、实验目的

(1) 学习衍生荧光法。

(2) 学习环糊精增敏荧光法的原理。

二、方法原理

亚硝酸盐是食品、环保、纺织及电镀等工业中重要的分析项目之一。亚硝酸盐可能与蛋白质分解产物(仲胺类物质)结合，生成致癌物质亚硝胺，食品中亚硝酸盐含量必须控制在很低的水平。亚硝酸盐本身无荧光，不能用荧光法直接测定。衍生荧光法借助一定的化学反应，可以测定那些本身不发荧光的物质，即可通过衍生反应，改变被测组分的化学组成和结构，借助于发光特性(波长、强度等)的改变，提高测量的选择性和灵敏度。酸性介质中，亚硝酸根能与过量 4-羟基香豆素迅速反应形成弱荧光性的亚硝基衍生物 3-亚硝基-4-羟基香豆素，该产物经 $Na_2S_2O_3$ 还原为 3-氨基-4-羟基香豆素后，在碱性介质中能发射较强的荧光，若有适量 β-环糊精(β-CD)存在，由于 β-CD 对发光体的包络作用，荧光强度大大增强，可显著提高测量的灵敏度。亚硝酸盐(以 $NaNO_2$ 计)在 1～1200 ng/25 mL 与荧光强度呈良好的线性关系，检出限为 40 pg/mL。本法灵敏度高、选择性好，可用于水样、肉制品中痕量亚硝酸盐的测定。

三、实验仪器和试剂

1. 仪器

WGY-10 荧光分光光度计，25 mL 具塞比色管，吸量管。

2. 试剂

4-羟基香豆素溶液(0.04%)：用 1∶1(体积比)乙腈-2 mol/L 盐酸混合液配制成 0.04% 溶液。

$NaNO_2$ 标准溶液：$NaNO_2$(分析纯)于 110℃红外灯下干燥 4 h 后，用水配制 1 mg/mL 标准溶液，在冰箱中保存(每周新配一次)，用时用水准确稀释到 1 μg/mL。

β-CD 溶液(0.01 mol/L)：用市售品经水重结晶的 β-CD 配制成 0.01 mol/L 水溶液。

$Na_2S_2O_3$(分析纯)溶液(8%)；NaOH 溶液(1.5 mol/L)；pH=9.6 的 NH_4Cl-$NH_3\cdot H_2O$ 缓冲溶液；$KAl(SO_4)_2$ 饱和溶液。

四、实验步骤

1. 标准曲线的绘制

在 25 mL 比色管中加入 1.0 mL 0.04% 4-羟基香豆素的乙腈盐酸溶液，一定量(0.01 mL、0.02 mL、0.05 mL、0.08 mL、0.10 mL、0.30 mL、0.50 mL、0.80 mL、1.00 mL) 1 μg/mL $NaNO_2$ 标准溶液，摇匀，于冰水浴中反应 5 min 后取出，加入 0.1 mL 8% $Na_2S_2O_3$ 溶液，摇匀，约 5 min 后出现白色浑浊，再加入 1.0 mL 1.5 mol/L NaOH 溶液和 18 mL 0.01 mol/L β-CD 溶液，用去离子水定容，摇匀，溶液变清，再放入冰水浴中，放置 5 min 后测定荧光激发光谱和发射光谱，或测定 λ_{ex}^{max} / λ_{ex}^{max} =332 nm/457 nm 处的荧光强度。

2. 空白实验

按实验步骤 1，测定 5 份以上试剂空白在 λ_{ex}^{max} / λ_{ex}^{max} =332 nm/457 nm 处的荧光强度，计算其标准偏差 S。

3. 市售肉制品中 $NaNO_2$ 的测定

准确称取 10 g 左右(平行两份)剪碎的市售风干肠或腊肠样品，置于 250 mL 烧杯中，加入 100 mL 90℃以上的水。置于沸水浴中加热 45 min，用沸水将所含物质全部移入 250 mL 容量瓶，加入 5 mL pH=9.6 的 NH_4Cl-$NH_3\cdot H_2O$ 缓冲液，加水至 200 mL 左右，用流水冷

却后加入 $KAl(SO_4)_2$ 饱和溶液 5 mL，用水稀释至刻度，摇匀。用干滤纸过滤，滤液备用。分别移取两份滤液各 2 mL，按上述标准曲线步骤经衍生后测定 λ_{ex}^{max} / λ_{ex}^{max} = 332 nm/457 nm 处的荧光强度，并采用标准加入法(滤液样品 2 mL＋0.05 mL 1 μg/mL $NaNO_2$ 标准溶液)进行回收率实验。

五、数据处理

(1) 选择 $NaNO_2$ 含量相同的试样(如含 0.05 mL 1 μg/mL $NaNO_2$ 标准溶液)实验比较有、无 β-CD 时的荧光激发光谱和发射光谱，说明 β-CD 的作用。

(2) 由实验数据拟合标准曲线方程，并按照 IUPAC 规定，以试剂空白荧光值的 3 倍标准偏差除以标准曲线斜率，计算本法测定 $NaNO_2$ 的检出限。

(3) 计算加标回收率(%)和肉制品中 $NaNO_2$ 的含量，并与《食品安全国家标准　食品添加剂使用标准》(GB 2760—2014)进行比较，判定是否合格。

六、注意事项

(1) $NaNO_2$ 水溶液不稳定，其标准溶液要新配制，并注意保存。

(2) 4-羟基香豆素的亚硝基化反应要在冰水浴中进行。

(3) 检出限测定中的空白实验，按规定应做更多次。实验时应特别注意容器的清洗。

七、问题讨论

(1) 为什么 4-羟基香豆素的亚硝基化反应要在冰水浴中进行？

(2) 从发光物质激发态的辐射和非辐射失活的竞争，考虑环糊精对发光体系的增敏作用和条件。

(3) 为什么可用试剂空白荧光值的 3 倍标准偏差与标准曲线斜率的比值表示方法的检出限？

实验 29　以 8-羟基喹啉为络合剂荧光法测定铝的含量

一、实验目的

(1) 学习络合荧光法。

(2) 掌握铝的荧光测定方法，以及荧光测量、萃取等基本操作。

二、方法原理

铝离子能与许多有机试剂形成会发光的荧光络合物。其中，8-羟基喹啉是较常用的试剂，它与铝离子所生成的络合物能被氯仿萃取，萃取液在 365 nm 紫外光照射下产生荧光，峰值波长在 530 nm 处，以此建立铝的荧光测定方法，其测定范围为 0.002～0.24 μg/mL Al。Ga^{3+} 及 In^{3+} 也会与该试剂形成会发光的荧光络合物，应加以校正。大量的 Fe^{3+}、Ti^{4+}、VO_3^- 存在会使荧光强度降低，应加以分离。

实验使用标准硫酸奎宁溶液作为荧光强度的基准。

三、实验仪器和试剂

1. 仪器

WGY-10荧光分光光度计，50 mL容量瓶，125 mL分液漏斗，25 mL具塞比色管，吸量管。

2. 试剂

铝标准储备液(1.000 g/L)：溶解17.57 g硫酸铝钾[$Al_2(SO_4)_3 \cdot K_2SO_4 \cdot 24H_2O$]于水中，滴加1:1硫酸至溶液清澈，移至1 L容量瓶中，用水稀释至刻度，摇匀。

铝标准使用液(2.00 μg/mL)取2.00 mL铝标准储备液于1 L容量瓶中，用水稀释至刻度，摇匀。

8-羟基喹啉溶液(2%)：溶解2 g 8-羟基喹啉于6 mL冰醋酸中，用水稀释至100 mL。

缓冲溶液：每升含NH_4Ac 200 g及浓$NH_3 \cdot H_2O$ 70 mL。

标准奎宁溶液(50.0 μg/mL)：0.500 g奎宁硫酸盐溶解在1 L 2 mol/L硫酸中，再取此溶液10 mL，用2 mol/L硫酸稀释至100 mL。

四、实验步骤

1. 标准溶液系列的配制

取6个125 mL分液漏斗，各加入40～50 mL水，分别加入0 mL、1.00 mL、2.00 mL、3.00 mL、4.00 mL、5.00 mL 2.00 μg/mL铝标准使用液。沿壁加入2 mL 2% 8-羟基喹啉溶液和2 mL缓冲溶液至以上各分液漏斗中。每个溶液均用20 mL氯仿萃取2次。萃取氯仿溶液通过脱脂棉滤入50 mL容量瓶中，并用少量氯仿洗涤脱脂棉，用氯仿稀释至刻度，摇匀。

2. 荧光强度的测量

选择合适的激发波长及发射波长，用标准奎宁溶液调节荧光强度读数为100，然后在荧光分光光度计上分别测量标准溶液系列的荧光强度。

3. 未知试液的测定

取一定体积未知试样，按实验步骤1、2的方法处理并测量。

五、数据处理

(1)记录标准溶液系列的荧光强度，并绘出标准曲线。

(2)记录未知试样的荧光强度，由标准曲线求得未知试样的铝浓度。

六、问题讨论

标准奎宁溶液的作用是什么?若不用标准奎宁溶液，测量应如何进行?

实验 30　荧光分析法测定乙酰水杨酸和水杨酸的含量

一、实验目的

(1) 掌握用荧光分析法测定药物中乙酰水杨酸和水杨酸的方法。

(2) 熟练掌握荧光分光光度计的操作。

二、方法原理

乙酰水杨酸(阿司匹林)水解即生成水杨酸，而在阿司匹林中或多或少存在一些水杨酸。用氯仿作为溶剂，利用荧光分析法可以分别测定它们。加少许乙酸还可以增加二者的荧光强度。

在 1%乙酸-氯仿中，乙酰水杨酸和水杨酸的激发光谱和荧光光谱如图 3-8 所示。

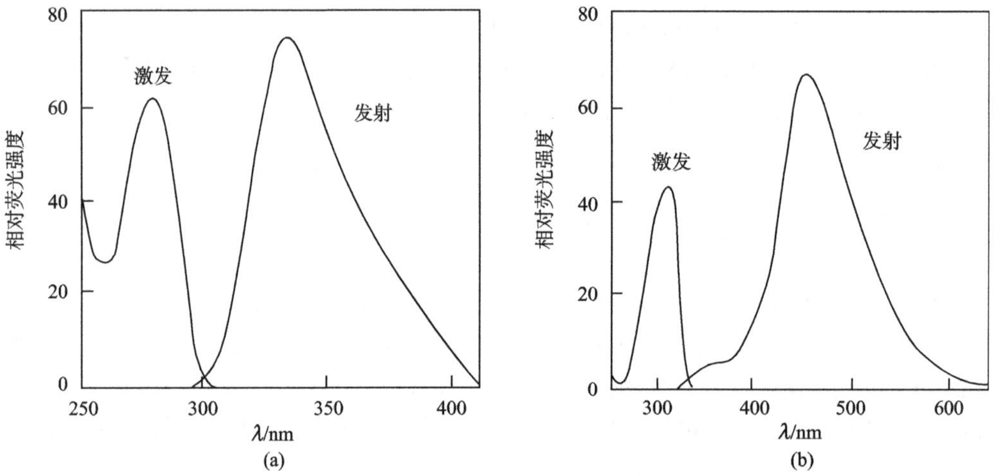

图 3-8　1%乙酸-氯仿中乙酰水杨酸(a)和水杨酸(b)的激发光谱和荧光光谱

为了消除药片之间的差异，可取几片药片一起研磨，然后取部分有代表性的样品进行分析。

三、实验仪器和试剂

1. 仪器

WGY-10 荧光分光光度计，1 cm 石英比色皿，50 mL、100 mL、1000 mL 容量瓶，10 mL 吸量管。

2. 试剂

乙酰水杨酸标准储备液(0.400 mg/mL)：称取 0.400 g 乙酰水杨酸溶于 1%乙酸-氯仿溶液中，用 1%乙酸-氯仿溶液定容于 1000 mL 容量瓶中。

水杨酸标准储备液(0.750 mg/mL)：称取 0.750 g 水杨酸溶于 1%乙酸-氯仿溶液中，用 1%乙酸-氯仿溶液定容于 1000 mL 容量瓶中。

四、实验步骤

1. 绘制乙酰水杨酸和水杨酸的激发光谱和荧光光谱

将乙酰水杨酸和水杨酸标准储备液分别稀释 100 倍(每次稀释 10 倍，分两次完成)。用该溶液分别绘制乙酰水杨酸和水杨酸的激发光谱和荧光光谱曲线，并分别找到它们的最大激发波长和最大发射波长。

2. 制作标准曲线

1) 乙酰水杨酸标准曲线

在 5 个 50 mL 容量瓶中，用吸量管分别加入 4.00 μg/mL 乙酰水杨酸溶液 2 mL、4 mL、6 mL、8 mL、10 mL，用 1%乙酸-氯仿溶液稀释至刻度，摇匀。分别测量它们的荧光强度。

2) 水杨酸标准曲线

在 5 个 50 mL 容量瓶中，用吸量管分别加入 7.50 μg/mL 水杨酸溶液 2 mL、4 mL、6 mL、8 mL、10 mL，用 1%乙酸-氯仿溶液稀释至刻度，摇匀。分别测量它们的荧光强度。

3. 阿司匹林药片中乙酰水杨酸和水杨酸的测定

将 5 片阿司匹林药片称量后磨成粉末，称取 400.0 mg，用 1%乙酸-氯仿溶液溶解，全部转移至 100 mL 容量瓶中，用 1%乙酸-氯仿溶液稀释至刻度。迅速通过定量滤纸过滤，用该滤液在与标准溶液同样条件下测量水杨酸的荧光强度。

将上述滤液稀释 1000 倍(用三次稀释来完成)，在与标准溶液同样条件下测量乙酰水杨酸的荧光强度。

五、数据处理

(1) 从绘制的乙酰水杨酸和水杨酸激发光谱和荧光光谱曲线上，确定它们的最大激发波长和最大发射波长。

(2) 分别绘制乙酰水杨酸和水杨酸的标准曲线，从标准曲线上确定试样溶液中乙酰水杨酸和水杨酸的浓度，计算每片阿司匹林药片中乙酰水杨酸和水杨酸的含量(mg)，并将乙酰水杨酸测定值与说明书上的值进行比较。

六、注意事项

阿司匹林药片溶解后，1 h 内要完成测定，否则乙酰水杨酸的量将降低。

七、问题讨论

(1) 标准曲线是直线吗？若不是，从何处开始弯曲？并解释原因。

(2)从乙酰水杨酸和水杨酸的激发光谱和发射光谱曲线，解释这种分析方法可行的原因。

附：荧光分光光度计

荧光分析法是依据物质所发出荧光的颜色和强度建立起来的定性和定量分析方法。不同物质由于分子结构不同，其激发态能级的分布具有各自不同的特征，这种特征反映在荧光上表现为各种物质都有其特征荧光激发光谱和发射光谱，因此可以用荧光激发光谱和发射光谱的不同进行物质的定性鉴定。该方法灵敏度高(通常比紫外-可见分光光度法高两三个数量级)、选择性好。

1. 荧光分光光度计的基本构成

荧光分光光度计的工作原理是将光源的激发光照射到样品池中，激发样品中的荧光物质发出荧光，被光电倍增管接收，最后以图形或数字的形式显示出来。

荧光分光光度计有不同的型号，但其主要部件有光源、激发单色器、样品池、发射单色器、检测器和数据处理等，其典型的结构如图 3-9 所示。

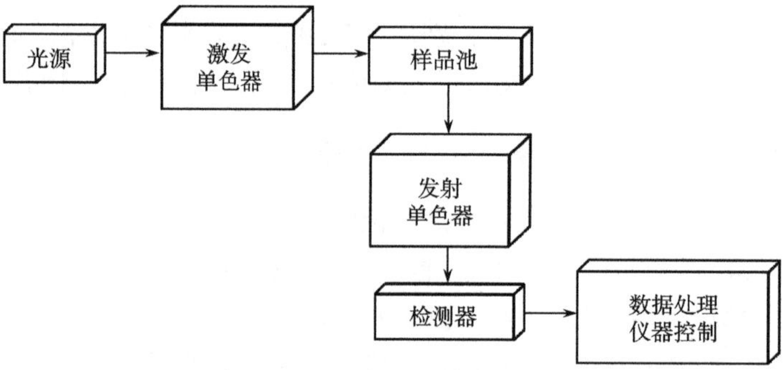

图 3-9　荧光分光光度计的基本结构

1) 光源

荧光分光光度计对光源的要求是必须有足够的强度且具有连续光谱，其波长范围能满足仪器的需要。通常为高压汞蒸气灯或氙弧灯(图 3-10)，后者能发射出强度较大的连续光谱，且在 300～400 nm 强度几乎相等，故较常用。

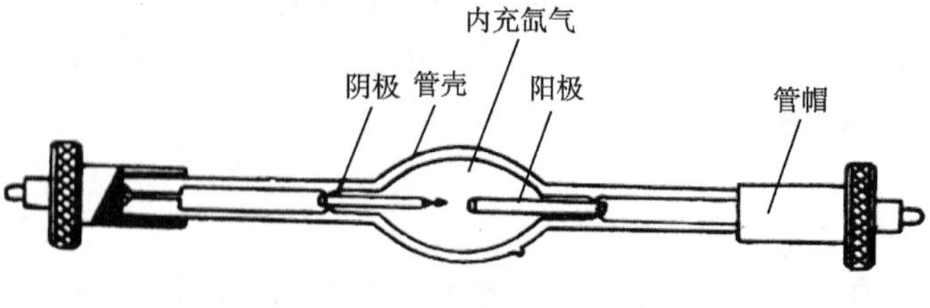

图 3-10　氙弧灯

2) 激发单色器

单色器也是荧光分光光度计的核心部件。置于光源和样品池之间的为激发单色器或第一单色器，其作用是将光源发出的白色光色散成各种波长的单色光用于照射样品。

3) 样品池

通常由石英池(液体样品)或固体样品架(粉末或片状样品)组成。测量液体时，光源与检测器成直角安排；测量固体时，光源与检测器成锐角安排。

4) 发射单色器

置于样品池和检测器之间的为发射单色器或第二单色器，常采用光栅为单色器，其作用是只让样品发出的荧光通过。

5) 检测器

检测器可将光信号放大并转化为电信号，一般用光电管或光电倍增管作检测器。

2. 荧光分光光度计的基本操作

970CRTXP 荧光分光光度计操作如下。

1) 测定荧光激发光谱和发射光谱

(1) 邻-羟基苯甲酸的激发光谱。

双击 970CRTXP→初始化“是”→放样(浓度 12 mg/L 邻-羟基苯甲酸)→扫描→参数→选扫描方式 EX→EX 波长 250～350→EM 波长 400→确定→确定→扫描，等待几秒→取 EX_{max} 值，记录最大激发波长。

(2) 邻-羟基苯甲酸的发射光谱。

扫描→参数→选扫描方式 EM→EM 波长 250～500→EX 取(1)中所得最大值→确定→扫描，记录 EM 的最大值。

(3) 间-羟基苯甲酸的激发光谱。

将浓度为 12 mg/L 的间-羟基苯甲酸放入试样槽中，其他操作同(1)。

(4) 间-羟基苯甲酸的发射光谱。

将浓度为 12 mg/L 的间-羟基苯甲酸放入试样槽中，其他操作同(2)。

2) 试样中邻-羟基苯甲酸和间-羟基苯甲酸含量的测定

根据邻-羟基苯甲酸和间-羟基苯甲酸的激发光谱和发射光谱选择定量测量的激发波长和发射波长。

(1) 邻-羟基苯甲酸标准曲线的制作。

点 GOTO，输入 EM 和 EX→确定→确定→X→标准曲线→样品名称：邻标曲→浓度值：2.4→测试→是→等待荧光值出现→添加→浓度值：4.8→重复上面操作依次测定 7.2、9.6、12 几个标样的荧光值→选“拟合”、“一次”→拟合按钮→保存→打印。

(2) 间-羟基苯甲酸标准曲线的制作。

点 GOTO，输入 EM 和 EX，其他操作同(1)。

(3) 样品测定。

放 pH 5.5 样品→点 GOTO→输入 EX 和 EM 波长→确定→确定→X→点样品测量→样品名称：pH 5.5→右上角点计算曲线→打开邻-羟基苯甲酸标准曲线→测试→自动弹出测量值→记录荧光值。

放 pH 12 样品→点 GOTO→输入 EX 和 EM 波长→确定→确定→X→点样品测量→

样品名称 pH 12→右上角点计算曲线→打开邻-羟基苯甲酸标准曲线→测试→自动弹出测量值→记录荧光值。

3. 荧光分光光度计的注意事项

(1) 在实验开始前，应提前打开仪器预热，并配制好所需的溶液，对于已经配制好的溶液，在不用时放在 4℃冰箱中保存，放置时间超过一周的溶液要重新配制。

(2) 实验所用的样品池是四面透光的石英池，拿取时用手指捏住池体的上角部，不能接触到四个面，清洗样品池后应用擦镜纸轻轻擦拭其四个面。

(3) 在测试样品时，注意荧光强度范围的设定不要太高，以免测得的荧光强度超过仪器的测定上限。

(4) 实验结束后，要及时清理台面，处理废液，清洗并放置好样品池，将下次要用的溶液放回冰箱，并且按规定登记实验记录，养成良好的实验习惯。

3.3　红外光谱法

实验 31　聚乙烯和聚苯乙烯膜的红外光谱法测定(薄膜法)

一、实验目的

(1) 学习聚乙烯和聚苯乙烯膜的红外光谱的测绘方法。

(2) 学习对图谱的解释，掌握红外光谱法的基本原理。

(3) 学习红外分光光度计的工作原理及使用方法。

二、方法原理

在由乙烯聚合成聚乙烯的过程中，乙烯的双键被打开，聚合生成$\left(CH_2-CH_2 \right)_n$长链，因而聚乙烯分子中原子基团是饱和的亚甲基($-CH_2-CH_2-$)，其红外光谱如图 3-11 所示。

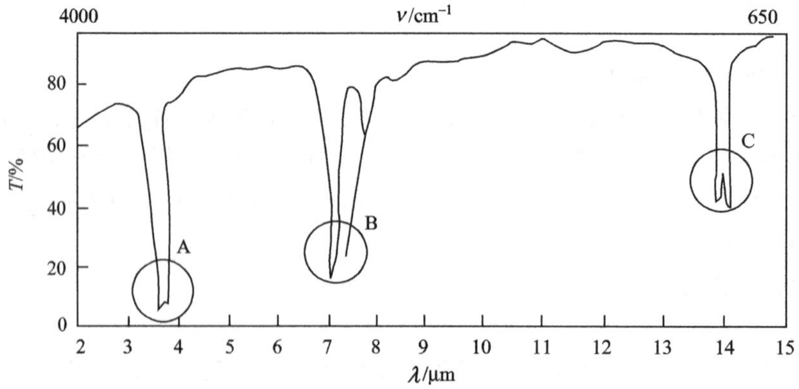

图 3-11　聚乙烯的红外光谱

由图可知，聚乙烯的基本振动形式有：

A．ν_{C-H}(—CH_2—)2962 cm^{-1}、2853 cm^{-1}。

B．δ_{C-H}(—CH_2—)1468 cm^{-1}。

C．δ_{C-H}(—CH_2—)$_n$，$n>4$时，720 cm^{-1}。

由于δ_{C-H}1306 cm^{-1}和δ_{C-H}1250 cm^{-1}为弱吸收峰，在红外光谱上未出现，因此只能观察到四个吸收峰。

在聚苯乙烯的结构中，除亚甲基(—CH_2—)和次甲基(—$\overset{|}{C}H$—)外，还有苯环上不饱和碳氢基团和碳碳骨架(—C═C—)，它们构成了聚乙烯分子中基团的基本振动形式。图 3-12 为聚苯乙烯的红外光谱，由图可知，聚苯乙烯的基本振动形式有：

A．$\nu_{=C-H}$(Ar上)3080 cm^{-1}、3060 cm^{-1}、3030 cm^{-1}、3010 cm^{-1}(Ar代表苯环)。

B．ν_{C-H}(—CH_2—)2926 cm^{-1}、2853 cm^{-1} 和ν_{C-H}(次甲基)2955 cm^{-1}。

C．δ_{C-H}1468 cm^{-1}、1360 cm^{-1}、1306 cm^{-1}。

D．$\nu_{C=C}$(Ar上)1605 cm^{-1}、1550 cm^{-1}、1450 cm^{-1}。

E．δ_{C-H}(Ar上单取代频峰)1944 cm^{-1}、1871 cm^{-1}、1800 cm^{-1}、1749 cm^{-1}。

F．δ_{C-H}(Ar上邻接五氢)770～730 cm^{-1}和790～710 cm^{-1}。

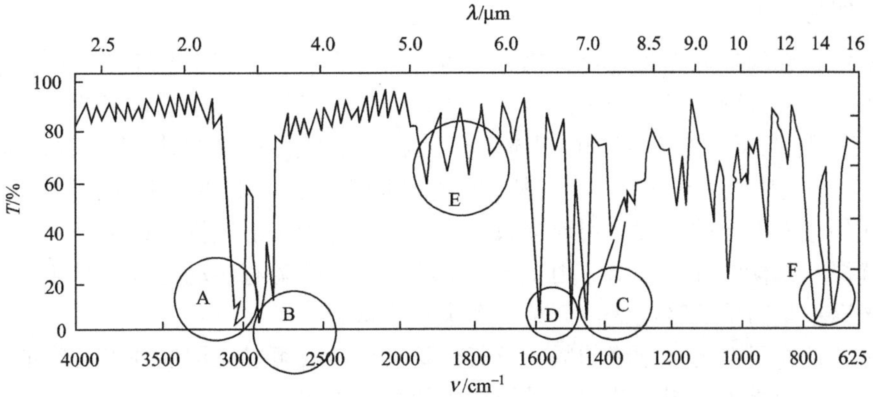

图 3-12　聚苯乙烯的红外光谱

可见，聚苯乙烯的红外光谱比聚乙烯的复杂得多。由于聚乙烯和聚苯乙烯是两种不同的有机化合物，因此可通过红外光谱加以区别，进行定性鉴定和结构剖析。

三、实验仪器

红外分光光度计。

四、实验步骤

(1) 将聚乙烯膜试样卡片置于试样窗口前。

(2) 根据实验条件，将红外分光光度计按仪器操作步骤进行调节，然后测绘聚乙烯膜的红外光谱。

(3) 在同样的实验条件下，测绘聚苯乙烯膜的红外光谱。

五、数据处理

在获得的红外光谱图上，从高波数到低波数，标出各特征吸收峰的频率，并指出各特征吸收峰属于何种基团的哪种形式的振动。

六、问题讨论

(1) 化合物的红外光谱能提供哪些信息？
(2) 如何进行红外光谱的谱图解析？

实验 32　苯甲酸红外光谱的绘制及结构分析(压片法)

一、实验目的

(1) 学习红外光谱法进行化合物的定性分析。
(2) 掌握固体样品的制样方法——压片法。
(3) 了解红外分光光度计的基本原理、仪器构造及使用方法。

二、方法原理

当一定频率的红外光照射化合物分子时，若化合物分子某个基团的振动频率与该红外光的频率一致，则二者会产生共振。此时，光的能量通过分子偶极矩的变化传递给分子，这个基团就吸收一定频率的红外光，产生振动跃迁(由原来的基态跃迁到较高的振动能级)，从而产生红外光谱。如果红外光的振动频率与分子中各基团的振动频率不一致，该部分红外光就不会被吸收。用连续改变频率的红外光照射试样，记录分子吸收红外光状况，就得到试样的红外光谱。由于振动能级的跃迁伴随有转动能级的跃迁，因此所得的红外光谱不是简单的吸收线，而是一个个吸收带。

掌握各种原子基团基频峰的频率及其位移规律，就可以应用红外光谱确定有机化合物分子中存在的原子基团及其在分子结构中的相对位置。

将固体样品与卤化碱(通常是 KBr) 混合研细，并压成透明片状，然后放到红外分光光度计上进行分析，这种方法就是压片法。压片法所用碱金属的卤化物应尽可能纯净和干燥，试剂纯度一般应达到分析纯，可以用 NaCl、KCl、KBr、KI 等。由于 NaCl 的晶格能较大，不易压成透明薄片，而 KI 又不易精制，因此大多采用 KBr 或 KCl 等作为样品载体。

苯甲酸又称安息香酸，为无色、无味片状晶体，分子式 C_6H_5COOH，熔点 122.13℃，沸点 249℃，相对密度 1.2659。氢键作用使苯甲酸通常以二分子缔合体形式存在。只有在测定气态样品或非极性溶剂的稀溶液时，才能看到游离态苯甲酸的特征吸收。用固体压片法得到的红外光谱中显示的是苯甲酸二分子缔合体的特征，在 3000～2400 cm^{-1} 处是 O—H 伸缩振动峰，峰宽且散；由于受氢键和芳环共轭两方面影响，苯甲酸缔合体的 C═O 伸缩振动吸收移到 1800～1700 cm^{-1}(而游离 C═O 伸缩振动吸收在 1730～1710 cm^{-1},

苯环上的 C═O 伸缩振动吸收出现在 1500～1480 cm^{-1} 和 1610～1590 cm^{-1})，这两个峰是鉴别有无芳核存在的标志之一，一般后者峰较弱，前者峰较强。苯甲酸的标准红外光谱见图 3-13，其对应的结构基团见表 3-3。

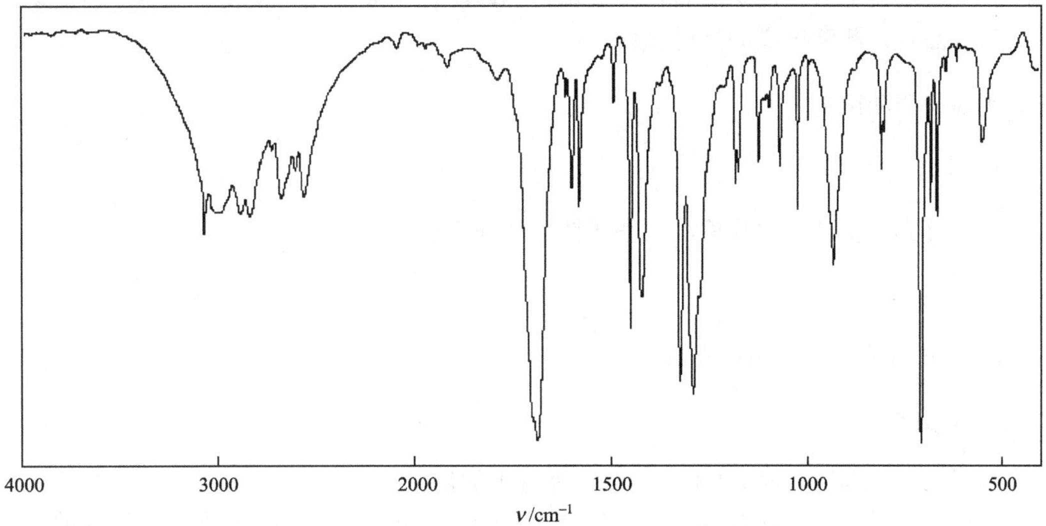

图 3-13　苯甲酸的标准红外光谱

表 3-3　苯甲酸分子中各原子基团的基频峰

原子基团的基本振动形式	基频峰的频率 /cm^{-1}
$\nu_{=C-H}$(Ar 上)	3077，3012
$\nu_{C=C}$(Ar 上)	1600，1582，1495，1450
$\delta_{=C-H}$(Ar 上邻接五氢)	715，690
ν_{O-H}(形成氢键二聚体)	3000～2500(多重峰)
δ_{O-H}	935
$\nu_{C=O}$	1400
δ_{C-O-H}(面内弯曲振动)	1250

苯甲酸的红外光谱图分析如下。

1. 官能团区

(1) 在 1600～1581 cm^{-1}、1454～1419 cm^{-1} 区域出现四指峰，由此确定存在单核芳烃 C═C 骨架，所以存在苯环。

(2) 在 2000～1700 cm^{-1} 区域有锯齿状的倍频吸收峰，所以为单取代苯。

(3) 在 1683 cm^{-1} 处存在强吸收峰，这是羧酸中羧基的振动产生的。

(4) 在 3200～2500 cm^{-1} 区域有宽吸收峰，所以有羧酸的 O—H 键伸缩振动。

2. 指纹区

700 cm^{-1}左右的 705 cm^{-1}和 667 cm^{-1}为单取代苯 C—H 变形振动的特征吸收峰。

本实验用溴化钾压片法制备苯甲酸试样，即将苯甲酸样品与溴化钾混合，研磨均匀后压制成晶片，测绘试样的红外光谱。

三、实验仪器和试剂

1. 仪器

红外分光光度计，压片机，玛瑙研钵，红外干燥箱。

2. 试剂

KBr(光谱纯)，苯甲酸(光谱纯)。

四、实验步骤

(1) 将所有模具清洗擦拭干净，在红外灯下烘烤。

(2) 在红外灯下，于研钵中加入预先在 110℃烘干 48 h 以上并保存在干燥器内的 KBr 晶体，研磨至少 10 min。

(3) 将 KBr 装入模具，在压片机上压片，压力上升至 35 MPa 左右，稳定 5 min。用镊子小心地将此片装于固体样品架上，并保存在干燥器内。

(4) 取预先在 110℃烘干 48 h 以上并保存在干燥器内的 KBr 粉末 150 mg 左右，置于洁净的玛瑙研钵中，加入 2～3 mg 苯甲酸固体样品，同上操作研磨成均匀粉末，压片成锭片，直径约 3 mm，厚 0.1～0.5 mm (注意：样品的 KBr 晶片无裂痕，局部没有发白现象，如同玻璃一样透明均匀，否则需重新压片制样)。保持在干燥器中(用镊子从锭剂成型器中取出压好的薄片)，待用。

(5) 绘制苯甲酸的红外光谱：将锭片放置于红外分光光度计的固体样品架上，以空白为参比，扫描苯甲酸样品的红外光谱并打印。

(6) 用同样方法，绘制未知样品的红外光谱并解析其分子结构。

五、数据处理

记录实验条件。

在获得的红外光谱图上，从高波数到低波数标出各特征吸收峰的频率，并根据苯甲酸的分子结构，指出各特征吸收峰属于何种基团的哪种形式的振动，解析苯甲酸的红外光谱。

六、问题讨论

(1) 化合物的红外光谱是怎样产生的？

(2) 单靠红外光谱，能否判断未知物是哪种物质？为什么？

附：压模结构体的安装顺序及压片的方法

底座→压模套(带抽真空支接口)→短压舌(光面朝上)→装样(少许)→长压舌(光面朝下)→同一个方向旋转长压舌几圈，使样品均匀→按底座在下的位置把压模结构体放入压片机正中间(此时压片机的压力丝杆手轮应处于最松开状态)→旋紧压力丝杆手轮，使之与长压舌接触，并压紧长压舌→顺时针关闭压片机前端靠下方的放压阀杆→缓慢上下移动压把，加压开始→注视压力表，当压力加到 30(不超过 30)时，停止加压，维持 3～5 min→逆时针慢慢松开放压阀杆，加压解除，压力表指针为“0”→旋松压力丝杆手轮，从压片机中取出压模结构体→按底座在上的位置把压模结构体重新放入压片机正中间(此时压片机的压力丝杆手轮应处于最松开状态)→旋转压力丝杆手轮，使压模结构体解体，旋松压力丝杆手轮，再小心地取下压模结构体的底座、压模套及短压舌，此时压好的片就留在长压舌的光面上→用镊子小心地将此片装于固体样品架上，并保存在干燥器内。

实验 33　抗坏血酸的红外光谱测绘(压片法)

一、实验目的

(1) 学习用红外光谱进行化合物的定性分析。
(2) 掌握压片法制作固体试样晶片的技术。
(3) 熟悉红外分光光度计的工作原理及使用方法。

二、方法原理

方法原理同实验 32。

三、实验仪器和试剂

1. 仪器

红外分光光度计，压片机，玛瑙研钵，红外干燥箱。

2. 试剂

KBr(分析纯)，抗坏血酸(分析纯)。

四、实验步骤

(1) 固体样品的制备：溴化钾压片。
(2) 测绘抗坏血酸的红外光谱，并与标准谱图对照。
(3) 测定未知有机物的红外光谱，根据测得的结果得出未知有机物的结构。

五、注意事项

制得的晶片必须无裂痕，局部无发白现象，如同玻璃一样完好透明。

附：红外分光光度计

红外光谱法是依据物质对红外光的选择性吸收引起分子振动能级和转动能级的跃迁而进行分析的方法，主要用于有机化合物的成分和结构分析。

1. 红外分光光度计的基本构成

红外分光光度计通常分为色散型和干涉型。前者的单色器使用光栅扫描分光；后者的单色器使用迈克耳孙干涉仪，因其在进行光谱数据处理时充分运用傅里叶变换和反傅里叶变换，通常称为傅里叶变换红外分光光度计。

色散型红外分光光度计采用双光束，最常见的是以“光学零位平衡”原理设计的。光源发出的辐射被分为等强度的两束光，一束通过样品池，另一束通过参比池。通过参比池的光束经衰减器(也称光楔或光梳)与通过样品池的光束会合于斩光器(也称切光器)处，使两光束交替进入单色器(现一般用光栅)色散之后，同样交替投射到检测器上进行检测，见图 3-14(a)。

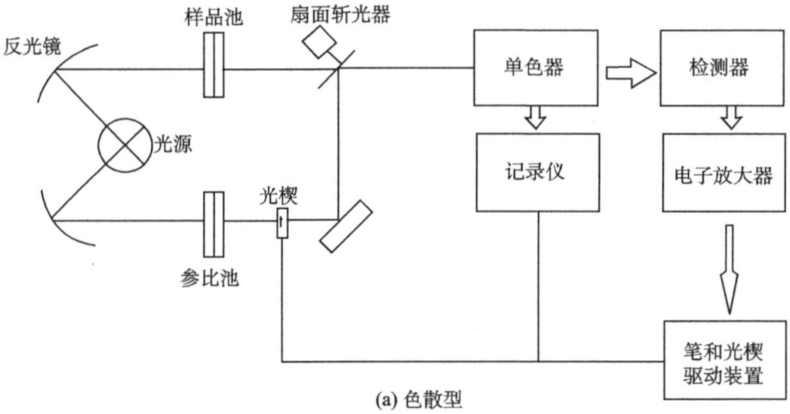

(a) 色散型

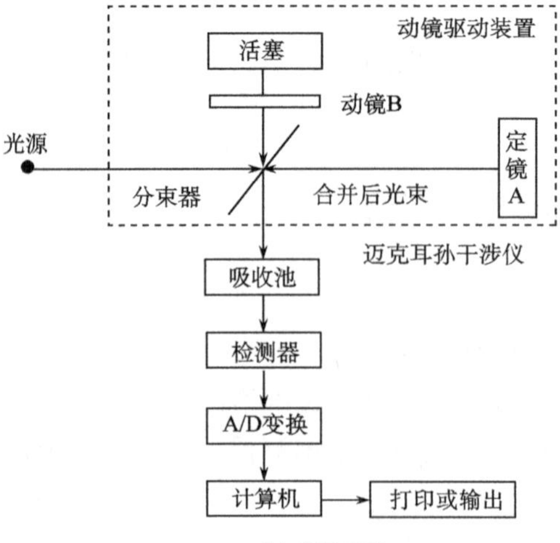

(b) 傅里叶型

图 3-14　红外分光光度计的结构

傅里叶型红外分光光度计与色散型红外分光光度计的主要区别在于用迈克耳孙干涉仪取代了单色器。另外，二者的接收器也不同，色散型红外分光光度计的检测器可直接获得红外光谱，而傅里叶型红外分光光度计的检测器获得的是干涉光谱，需要由计算机进行傅里叶变换才能得到红外光谱，见图 3-14(b)。

红外分光光度计的主要部件有光源、单色器或干涉仪、吸收池、检测器等，其工作原理如图 3-14 所示。

1)光源

光源是能够发射高强度连续红外辐射的物质，通常采用惰性固体作光源，常用的有能斯特灯和硅碳棒两种。

能斯特灯是锆、钇、铈或钍的氧化物。特点是发射强度大，尤其在高于 1000 cm^{-1} 的区域稳定性较好，但机械强度较差，价格较贵。

硅碳棒由碳化硅烧结而成，一般为两端粗中间细的实心棒，中间为发光部分。硅碳棒在室温下是导体，并有正的电阻温度系数，工作前不需要预热。与能斯特灯相比，硅碳棒的优点是坚固、寿命长、发光面积大；缺点是工作时电极接触部分需用水冷却。

2)单色器

与其他波长范围内工作的单色器类似，红外单色器也由一个或几个色散元件(棱镜或光栅，目前已主要使用光栅)、可变的入射和出射狭缝，以及用于聚焦和反射光束的反光镜构成。在红外仪器中一般不使用透镜，以避免产生色差。另外，应根据不同的工作波长区域选用不同材料来制作棱镜(以及吸收池窗口、检测器窗口等)。

傅里叶型红外分光光度计使用迈克耳孙干涉仪获得干涉光谱，再将干涉光谱转换为红外光谱，要比使用单色器将复合光散射成单色光测量速度快。

3)吸收池

红外吸收池窗口使用对红外光透过性好的碱金属、碱土金属的卤化物制作，一般用一些盐类的单晶，如 KBr 或 NaCl 等。由于这些材料极易吸湿，吸湿后会引起吸收池窗口模糊，因此要求恒湿环境。可测定固态、液态、气态样品。

4)检测器

检测器的作用是将照射在它上面的红外光变成电信号。红外区光子能量低，不能使用紫外-可见分光光度计上的光电管或光电倍增管。常用的红外检测器有三种：真空热电偶、测辐射热计、热电检测器。

2. 红外分光光度计的基本操作

红外分光光度计规格型号多样，硬件和软件操作会有不同，但操作步骤相似，下面以 WGH-30A 型红外分光光度计为例，介绍仪器的操作步骤。

(1)打开计算机、主机，点击桌面上的红外图标，进入系统。

(2)参数设置：依次设置相关参数，“速度”→很快，“狭缝”→很宽，“响应”→快。

(3)插入待测样品，按“单程”键进行扫描。

(4)扫描完成后，按“读取数据”→“寻峰”，在弹出的窗口中输入最小峰高值“20”，点击“寻峰/谷”键，完成寻峰后点击窗口下方的“关闭”键。

(5) 打印图谱设置：单击“文件”→“打印设置”，选择纸张大小为“B5”的纸型，打印方向为“横向”，点击确定，然后选择“打印”。

(6) 取出样品，按“复位”键。待波数复位完成后，放入 2 号样品，按“单程”键进行第二个样品的扫描。扫描完成后重复步骤(4)的操作，然后打印图谱。

(7) 样品全部测完后，取出样品，按“复位”键波数复位。复位完成后方可关机。

3. 红外分光光度计的注意事项

(1) 红外压片时，所有模具应该用酒精棉洗干净。

(2) 取用 KBr 时，不能将 KBr 污染，避免影响其他学生做实验。

(3) 红外压片时，样品量不能加得太多，样品和 KBr 的比例约为 1∶100(质量比)。

(4) 用压片机压片时，应严格按操作规定操作：进口压片模具的不锈钢小垫片应套在中心轴上，压片过程中移动模具时应小心以免小垫片移位。使用国产压片机时压力不能过大，以免损坏模具。压出来的片应较为透明。

(5) 采集背景信息时应将样品从样品室中拿出。

(6) 每次测试结束，首先取出样品，然后关闭电源(最好拔下插头)并取下记录笔，套上笔帽放置。

(7) 实验室应保持干燥，大门不能长期敞开。长期不用仪器时，注意环境的温度(20℃±5℃)和湿度(65%以下)。

3.4　拉曼光谱法

实验 34　无机、有机化合物拉曼光谱测定

一、实验目的

(1) 了解激光显微拉曼光谱仪的基本构造、原理和方法。

(2) 了解拉曼光谱的基本特征。

(3) 了解拉曼光谱法的测样要求和测试方法。

(4) 能够利用样品的拉曼光谱进行物相分析和结构分析。

二、方法原理

拉曼光谱(Raman spectra)是一种散射光谱。拉曼光谱法是对与入射光频率不同的散射光谱进行分析以得到分子振动、转动方面的信息，并应用于分子结构研究的一种分析方法。所需要的光能量较低，需要测定的光的强度小。

当用波长比试样粒径小得多的频率为 ν 的单色光照射气体、液体或透明试样时，大部分光按原来的方向透射，一小部分则按不同的角度散射，产生散射光。在透明介质的散射光谱中，频率与入射光频率 ν_0 相同的成分称为瑞利散射；频率对称分布在 ν_0 两侧的谱线或谱带 $\nu_0 \pm \nu_1$ 即为拉曼光谱，其中频率较小的成分 $\nu_0 - \nu_1$ 称为斯托克斯线，频率较大的成分 $\nu_0 + \nu_1$ 称为反斯托克斯线。$\Delta\nu$ 通常称为拉曼频移，多用散射光波长的倒数表示，

计算公式为

$$\Delta\nu = \frac{1}{\lambda} - \frac{1}{\lambda_0}$$

式中：λ 和 λ_0 分别为散射光和入射光的波长。$\Delta\nu$的单位为 cm^{-1}。瑞利散射线的强度只有入射光强度的 $1/10^3$，拉曼光谱强度大约只有瑞利线的 $1/10^3$。

拉曼散射是由于分子极化率的改变而产生的。拉曼位移取决于分子振动能级的变化，不同化学键或基团有特征的分子振动，ΔE 反映了指定能级的变化，因此与之对应的拉曼位移也是特征的。这是拉曼光谱可以作为分子结构定性分析的依据。

三、实验仪器和试剂

1. 仪器

Invia 型共聚焦显微拉曼光谱仪如图 3-15 所示。

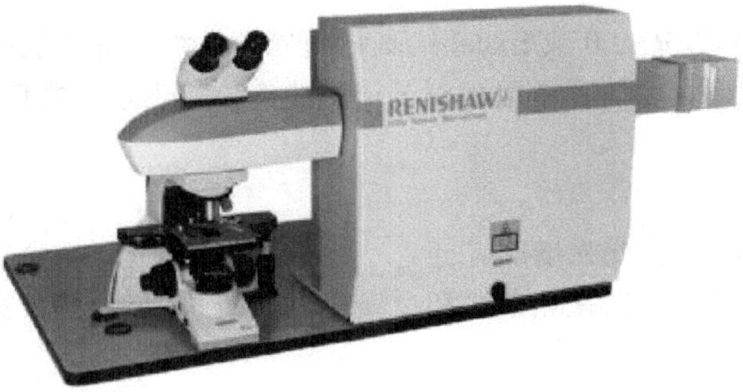

图 3-15　Invia 型共聚焦显微拉曼光谱仪

测试条件：固体激光器波长 532 nm，激光功率 50 mW，物镜×50，目镜×10，分辨率 1 cm^{-1}，扫描范围 3600～100 cm^{-1}，扫描 1 次。

2. 试剂

尿酸，CCl_4 等。

四、制样方法

由于拉曼测量可实行无损伤直接测量，所以有些送往实验室供检验的样品可以不必制样直接进行测量。

液体试样：测液体试样时，用滴管吸取 1～2 滴滴到载玻片上，对于易挥发或有腐蚀性的样品，应将其注入毛细管密封后再进行测量。易光解的样品装入旋转装置的样品池中，利用样品架旋转调节样品。深色液体或透明度很低的样品宜稀释后再进行测量。

固体试样：粉末样品可以用药匙取微量试样在载玻片上，压制成光滑的平面，块状样品可将样品的一个面制成光滑平面，然后散射测量。

五、实验步骤

(1) 打开主机和计算机电源，同时打开激光器后面的总电源开关，将仪器预热 20 min 左右。

(2) 自检。静态取谱(static)，中心 520 Raman Shift cm^{-1}, Advanced→Pinhole 设为 in。使用硅片，用 50 倍物镜，1 s 曝光时间，100%激光功率取谱。使用曲线拟合(curve fit)命令检查峰位，检验仪器状态。

(3) 样品拉曼光谱的测定。将样品放置在载玻片上，盖上盖玻片，置于显微镜的载物台上，调节显微镜载物台的高度使显微镜能够清晰地观察到样品表面。选择 Measurement→New→Spectral acquisition 进行实验条件设置，再将白光照明光路切换到激光照明光路，选择激光照射，选择 Measurement→Run，运行实验，等待实验运行，直到窗口中出现红色的光谱曲线，采集光谱结束，保存扫描结果。

六、数据处理

用仪器自带软件 WiRE2.0 或 Excel 绘制拉曼光谱。纵坐标是散射强度，可用任何单位表示，横坐标是拉曼位移，通常用相对于瑞利线的位移表示其数值，单位为波数 cm^{-1}。

七、问题讨论

(1) 比较红外光谱与拉曼光谱的异同。

(2) 一般的拉曼散射有斯托克斯线和反斯托克斯线两种，为什么实验中记录的拉曼光谱常取斯托克斯线？

(3) 试分析常规物质(CCl_4、CH_2Cl_2)的特征拉曼光谱。

附：拉曼光谱仪

拉曼光谱法是基于印度科学家拉曼(Raman)所发现的拉曼散射效应，是对与入射光频率不同的散射光谱进行分析以得到分子振动、转动方面的信息，并应用于分子结构研究的一种分析方法。

1. 拉曼光谱仪的基本构成

拉曼光谱仪的原理非常简单，当光打到样品上时，样品分子会使入射光发生散射。大部分散射的光频率没变，这种散射称为瑞利散射，部分散射光的频率变了，称为拉曼散射。散射光与入射光之间的频率差称为拉曼位移。

拉曼光谱仪主要就是通过拉曼位移确定物质的分子结构，针对固体、液体、气体、有机物、高分子等样品均可以进行定性、定量分析。根据拉曼光谱仪的应用情况可以分为傅里叶变换拉曼光谱、共焦显微拉曼光谱、表面增强激光拉曼光谱等。

不同的拉曼光谱仪组成及结构有些细微的不同，但一般都是由激光光源、样品装置、滤光器、单色器(或干涉仪)和检测器等组成，见图 3-16。

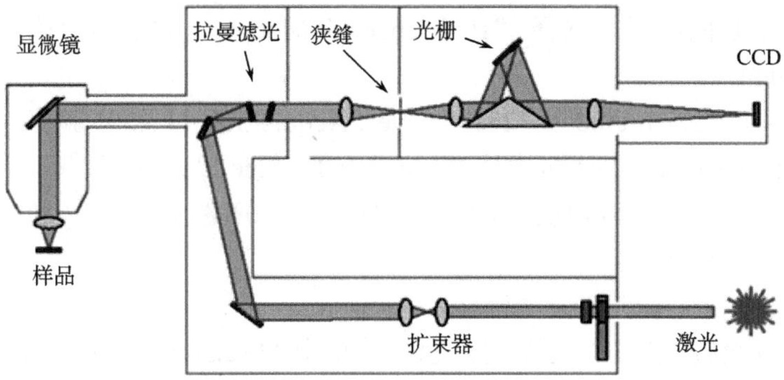

图 3-16　拉曼光谱仪的组成示意图

1）激光光源

常用的有 Ar 离子激光器、He-Ne 激光器、Nd-YAG 激光器、二极管激光器等。拉曼激光光源波长：325 nm（UV），488 nm（蓝绿），532 nm（绿），633 nm（红），785 nm（红），1064 nm（IR）。

2）样品装置

样品放置方式包括直接的光学界面、显微镜、光纤维探针和样品。

3）滤光器

激光波长的散射光（瑞利光）比拉曼信号强几个数量级，必须在进入检测器前滤除。另外，为防止样品被外辐射源照射，需要设置适宜的滤波器或物理屏障。

4）单色器（或干涉仪）

单色器有单光栅、双光栅或三光栅，一般使用平面全息光栅干涉器，与 FTIR 上使用的相同，为多层镀硅的 CaF_2 或镀 Fe_2O_3 的 CaF_2 分束器，也有用石英分束器及扩展范围的 KBr 分束器。

5）检测器

传统的检测器采用光电倍增管，目前多采用 CCD，FT-Raman 常用的检测器为 Ge 或 InGaAs 检测器。

2. 拉曼光谱仪的基本操作

拉曼光谱仪规格型号多样，硬件和软件操作会有不同，但操作步骤相似，下面以 Invia 型共聚焦显微拉曼光谱仪为例，介绍仪器的操作步骤。

1）开机顺序

（1）打开主机电源。

（2）打开计算机电源。

（3）打开使用的激光器电源：①514 nm：打开激光器后面的总电源开关→打开激光器上的钥匙；②785 nm：直接打开激光器电源开关。

2）自检

（1）用鼠标双击 WiRE2.0 图标，进入仪器工作软件环境。

(2) 系统自检画面出现，选择 “Reference All Motors ” 并点击“确定(OK)”。系统将检验所有的电机。

(3) 从主菜单 Measurement → New → New Acquisition 设置实验条件。静态取谱(static)，中心 520 Raman Shift cm^{-1}, Advanced → Pinhole 设为 in。

(4) 使用硅片，用 50 倍物镜，1 s 曝光时间，100%激光功率取谱。使用曲线拟合(curve fit) 命令检查峰位。

3) 实验

(1) 实验条件设置：点击“设置”按钮(或菜单中 Measurement→Setup Measurement)，设置相关参数。“ OK”为采用当前设置条件，并关闭设置窗口；“Apply”为应用当前设置条件，不关闭窗口。

(2) 采谱：执行 Measurement→Run 命令。

4) 关机

(1) 关闭计算机：①关闭 WiRE2.0 软件；②点击 Start→Shut Down→Turn off computer。计算机将自动关闭电源。

(2) 关闭主机电源。

(3) 关闭激光器 ：①关闭钥匙；②514 nm 激光器散热风扇会继续运转，此时不要关闭主电源开关。等风扇自动停转后再关闭主电源开关。

3. 拉曼光谱仪的注意事项

(1) 开机顺序：主机在前，计算机在后。

(2) 关机顺序：计算机在前，主机在后。514 nm 激光器要充分冷却后才能关闭主电源。

(3) 自检：一定要等自检完成后再做其他操作，不能取消(Cancel)。

(4) 硅片：514 nm，自然解理线与横向成 45°时信号最强；780 nm(633 nm, 325 nm)，自然解理线与横向基本平行时信号最强。

第 4 章　电化学分析法

电化学分析法是建立在溶液的电化学性质基础上的一类仪器分析方法。它以理论电化学为基础，即利用电解质溶液通电时，其化学组成和活度随电动势或电位、电流、电导或电荷等电学特征而变化的性质，用电极把目标物的浓度转化为能够测量的参数，从而实现检测。

主要的电化学分析法包括电位分析法、库仑分析法、极谱分析法、伏安分析法、电导分析法和电解分析法等。

4.1　电位分析法

实验 35　乙酸的电位滴定分析及解离常数的测定

一、实验目的

(1) 掌握电位滴定法的基本操作和滴定终点的计算方法。

(2) 学习测定弱酸解离常数的原理和方法，巩固弱酸解离平衡的基本概念。

二、方法原理

电位滴定法是根据滴定过程中指示电极和参比电极的电位差或溶液 pH 的突跃确定终点的滴定分析方法。酸碱电位滴定过程中，随着滴定剂的不断加入，被测物与滴定剂发生反应，溶液 pH 不断变化，根据 pH 的突跃可以确定滴定的终点。图 4-1 是 NaOH 标准溶液滴定乙酸时确定滴定终点的四种方法。(a) 为以 NaOH 溶液体积为横坐标，pH 为纵坐标的原始滴定曲线。箭头所示的拐点即为滴定终点。但是这种终点确定方法在滴定突跃不明显时准确度较低。(b) 为滴定曲线的一次微商曲线，曲线的最高点即为滴定终点。(c) 为滴定曲线的二次微商曲线，曲线与横坐标的交点即为滴定终点。(d) 为格氏作图法所得到的曲线，拐点即为滴定终点。

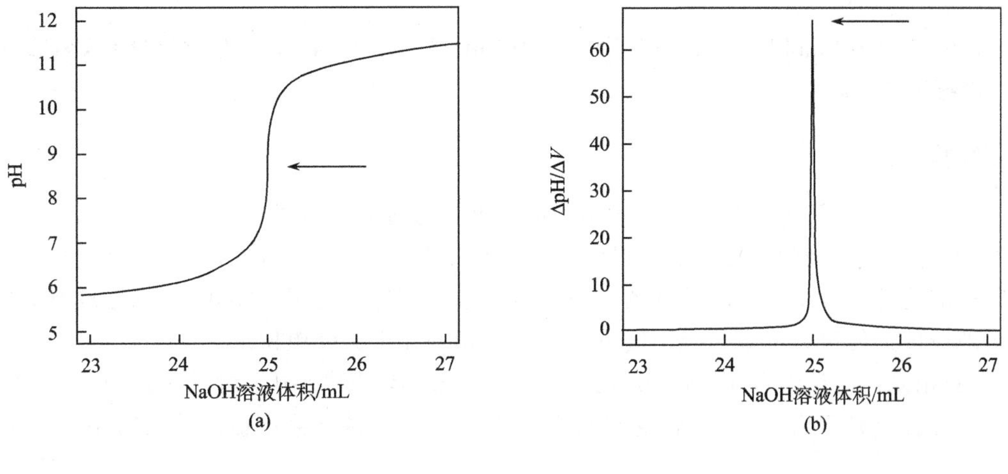

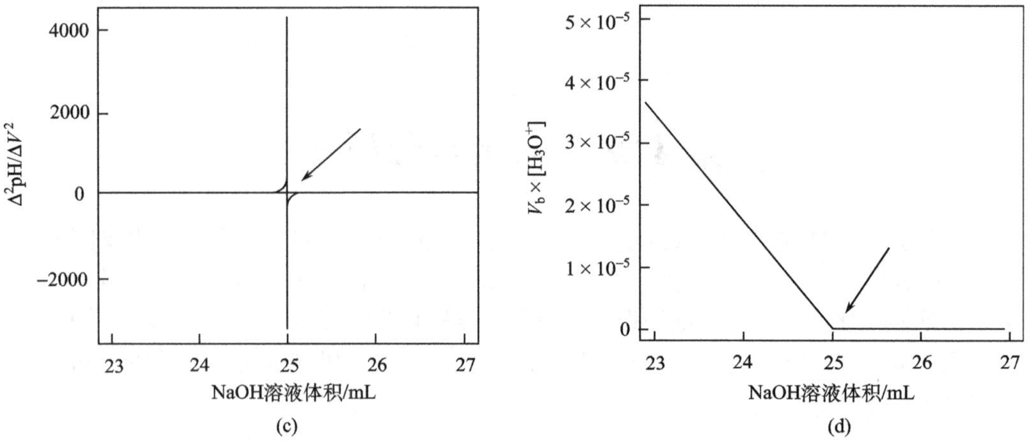

图 4-1　0.10 mol/L NaOH 标准溶液滴定 50.0 mL 0.050 mol/L 乙酸的滴定终点确定方法

乙酸在水溶液中解离如下：

$$CH_3COOH(aq) + H_2O(l) \rightleftharpoons H_3O^+(aq) + CH_3COO^-(aq)$$

其解离常数为

$$K_a = \frac{[H_3O^+][CH_3COO^-]}{[CH_3COOH]}$$

当乙酸被中和至一半时，溶液中$[CH_3COO^-]=[CH_3COOH]$，根据以上平衡式，此时$K_a=[H_3O^+]$，即$pK_a=pH$。因此，原始滴定曲线中，消耗滴定剂体积为滴定终点体积的一半时对应的 pH 即为pK_a，从而可求出乙酸的解离常数K_a。

三、实验仪器和试剂

1. 仪器

pHS-3C 型酸度计，电磁搅拌器，pH 复合电极。

2. 试剂

乙酸溶液(0.1 mol/L)，NaOH 标准溶液(0.1 mol/L)，pH = 4.00(25℃)和 pH = 6.86(25℃)的标准缓冲溶液。

四、实验步骤

(1)打开酸度计电源开关，预热 30 min，并接好复合玻璃电极。

(2)将 pH = 6.86(25℃)的标准缓冲溶液置于塑料烧杯中，放入搅拌子，将复合电极插入标准缓冲溶液中，开动搅拌器，对酸度计进行定位。再用 pH=4.00(25℃)的标准缓冲溶液校核，使仪器读数与该温度下的文献值相差在±0.02 单位。

(3)粗测：准确移取 10.00 mL 乙酸溶液于 100 mL 小烧杯中，加 20 mL 水，放入搅拌磁子，浸入 pH 复合电极。开启电磁搅拌器(注意磁子不能碰到电极)，用 0.1 mol/L NaOH

标准溶液进行滴定，每隔 1 mL 读取 pH 一次，待到超过化学计量点，初步确定滴定终点。

(4) 细测：操作同实验步骤(3)，注意当滴定剂体积消耗至滴定终点体积一半时和化学计量点附近时，每间隔 0.10 mL 读数一次，记录每个点对应的体积和 pH。

五、数据处理

(1) 根据记录的体积和 pH 数据，计算各点对应的 ΔV 和 ΔpH。

(2) 绘制 pH-V 和 ΔpH/ΔV-V 曲线，分别确定滴定终点 V_e。

(3) 二级微商法由内插法确定终点。

(4) 计算原始试液中乙酸的浓度，以 g/L 表示。

(5) 求乙酸的解离常数 pK_a，并与文献值比较，分析产生误差的原因。

(6) ΔpH、ΔV、ΔpH/ΔV、Δ^2pH/ΔV^2 可计算或编程处理。

六、注意事项

(1) pH 复合电极使用前后需保存在 KCl 溶液中浸泡活化。

(2) 玻璃电极膜很薄，易碎，需轻拿轻放，避免碰撞。

七、问题讨论

(1) 比较采用电位滴定法与指示剂法确定滴定终点的优缺点。

(2) 当乙酸完全被氢氧化钠中和时，反应终点的 pH 是否等于 7？为什么？

实验 36　啤酒中总酸的测定

一、实验目的

(1) 了解电位滴定法的特点及应用范围。

(2) 掌握啤酒总酸的测定方法。

二、方法原理

啤酒的总酸度是指啤酒中所有酸性成分的总量，常用 100 mL 酒样所消耗的 NaOH 的物质的量(mmol)表示。啤酒中含有各种酸类 200 种以上，这些酸及其盐类物质控制着啤酒的 pH 和总酸的含量。啤酒总酸的检验和控制十分重要。啤酒中含适量的可滴定总酸，能赋予啤酒柔和清爽的口感，但总量过高或闻起来有明显的酸味则是啤酒可能酸败的信号。国家标准规定啤酒总酸度应小于 2.6 mmol/100 mL 酒样，在实际生产中，总酸度控制在小于 2.0 mmol/100 mL 酒样。

本实验利用酸碱中和原理，用 NaOH 标准溶液直接滴定啤酒样品中的总酸。但因为啤酒是含磷酸盐的弱酸性溶液，有较强的缓冲能力，所以在化学计量点处没有明显的突跃，指示剂无法准确指示终点。因此，可以采用酸度计在滴定过程中随时测定溶液的 pH，pH = 9 时即为滴定终点。该方法也可以避免啤酒颜色较深对滴定的干扰。

三、实验仪器和试剂

1. 仪器

pHS-3C 型酸度计，pH 复合电极，碱式滴定管，电磁搅拌器。

2. 试剂

NaOH 标准溶液(0.1 mol/L)，市售啤酒。

四、实验步骤

1. 酸度计的校准

打开酸度计电源开关，预热 30 min，并接好复合玻璃电极。采用 pH = 6.86(25℃)和 pH = 4.00(25℃)的标准缓冲溶液对酸度计进行两点定位校准。

2. 样品的处理

用倾注法将啤酒来回脱气 50 次。准确移取 50.00 mL 酒样于 100 mL 烧杯中，置于 40℃水浴锅中保持 30 min，并不时摇动以除去残余的二氧化碳，然后冷却至室温。

3. 电位滴定

在烧杯中放入搅拌磁子，以适当的速度进行搅拌。用 NaOH 标准溶液进行滴定，每滴加 1.0 mL NaOH 记录一次 pH，当 pH = 8.5 时，每 0.1 mL 记录一次数据，用 NaOH 标准溶液滴定至 pH = 9.00 时，记录消耗 NaOH 的体积 V(mL)，继续滴至 pH = 9.5 后停止。根据所得数据绘出 NaOH 滴定啤酒总酸的滴定曲线。

4. 啤酒总酸的计算

由定义可知，啤酒总酸度(mmol) = $2c_{\mathrm{NaOH}}V_{\mathrm{NaOH}}$ (pH＝9.00)。根据国家标准规定判断此啤酒总酸度是否合格。

五、问题讨论

(1) 本实验为什么不能用指示剂法指示终点？
(2) 电位滴定法有哪些特点？本实验的误差来源有哪些？

实验 37　离子选择性电极法测定水样和牙膏中氟的含量

一、实验目的

(1) 掌握离子选择性电极法的测定原理及实验方法。
(2) 学会正确使用氟离子选择性电极和酸度计。

二、方法原理

氟是人体必需的微量元素之一，不同地域的地表水和地下水中均含有一定量的氟。牙膏中适量的氟化物（NaF 或 Na_3PO_3F）能增强牙齿的抗酸性，抑制细菌发酵产生酸，具有坚固骨骼和牙齿、预防龋齿的作用。但过量的氟会影响牙齿和骨骼的发育，出现氟斑牙、氟骨病等慢性氟中毒症状，严重者会引起恶心、呕吐或心律不齐等急性氟中毒。含氟牙膏中氟含量较高，所以牙膏中可溶出氟离子的检测非常必要。国家标准 GB 8372—2008《牙膏》规定：含氟牙膏总氟量要大于等于牙膏总质量的 0.05%，并小于等于 0.15%（儿童牙膏中应小于等于 0.11%）；其中，可溶性氟或游离氟必须大于等于 0.05%。

氟离子选择性电极是以氟化镧单晶片为敏感膜的电位法指示电极，对溶液中的氟离子具有很好的选择性。氟电极与饱和甘汞电极组成的电池可表示为

$$Hg, Hg_2Cl_2 \mid KCl(饱和) \parallel F^- 试液 \mid LaF_3 \mid NaF(10^{-3} mol/L), NaCl(0.1 mol/L) \mid AgCl, Ag$$

电池电动势 E 与氟离子活度的关系式为

$$E = K - \frac{2.303RT}{F}\lg a_{F^-} = K - 0.059\lg a_{F^-} \quad (25℃)$$

式中：0.059 为 25℃时电极的理论响应斜率；其他符号具有通常意义。

用离子选择性电极测量的是溶液中的离子活度，而通常定量分析需要测量的是离子的浓度，所以必须控制试液的离子强度。如果测量试液的离子强度维持一定，则上述方程可表示为

$$E = K' - 0.059\lg[F^-]$$

式中：K'为常数。

由上式可知，电动势 E 与 $\lg[F^-]$呈线性关系。因此，只要作出 E 对 $\lg[F^-]$的标准曲线，即可由水样测得的 E，从标准曲线上求得水样中氟离子的浓度。

用氟离子选择性电极测量 F^-时，适用的 pH 范围为 5.0～6.5。pH 过低，易形成 HF_2^-，影响 F^-的活度；pH 过高，易引起单晶膜中 La^{3+}的水解，形成 $La(OH)_3$，影响电极的响应。

三、实验仪器和试剂

1. 仪器

pHS-3C 型酸度计，氟离子选择性电极，饱和甘汞电极，电磁搅拌器。

2. 试剂

氟化钠标准溶液（0.1000 mol/L）。

总离子强度调节缓冲液（TISAB）：取 29 g 硝酸钠和 0.2 g 二水合柠檬酸钠，溶于 50 mL 1:1 的乙酸与 50 mL 5 mol/L 氢氧化钠的混合溶液中，测量溶液的 pH，若不为 5.0～5.5，可用 5 mol/L 氢氧化钠或 6 mol/L 盐酸调节至所需范围。

四、实验步骤

1. 氟离子标准溶液的配制

准确移取 10.00 mL 0.1000 mol/L 氟化钠标准溶液于 100 mL 容量瓶中，加入 10.0 mL TISAB，用去离子水稀释至刻度，摇匀。用逐级稀释法配成浓度为 10^{-2} mol/L、10^{-3} mol/L、10^{-4} mol/L、10^{-5} mol/L、10^{-6} mol/L 的标准溶液系列。逐级稀释时，只需添加 9.0 mL TISAB。

2. 标准曲线的测绘

用滤纸吸去悬挂在电极上的水滴，然后把电极插入盛有 10^{-6} mol/L 氟化钠标准溶液的烧杯中，开启电磁搅拌器，调节至合适的速度，搅拌 2～3 min，至读数稳定时，读取各溶液的电位值。测量结果列表记录。按照浓度由低到高的顺序，依次测定 10^{-5} mol/L、10^{-4} mol/L、10^{-3} mol/L、10^{-2} mol/L 氟化钠标准溶液的电位值。

3. 水样的测定

用移液管移取 50.00 mL 水样于 100 mL 容量瓶中，加入 10.0 mL TISAB，用去离子水稀释至刻度，摇匀。将该未知试样溶液倒入小烧杯中，待测。

清洗氟电极，使其在纯水中的电位值大于氟离子选择性电极说明书中规定的空白值。

用滤纸吸去清洗后的电极上悬挂着的水滴，插入盛有上述未知试样溶液的烧杯中，搅拌数分钟，读取稳定的电位值。

4. 牙膏中游离氟的测定

从含氟牙膏中称取牙膏 50 g(精确至 0.001 g)置于 50 mL 塑料烧杯中，逐渐加入去离子水搅拌使其溶解，转移至 250 mL 容量瓶中，用去离子水稀释至刻度，摇匀，分别倒入 2 个具有刻度的 10 mL 离心管中，使其质量相等。在离心机上以 2000 r/min 的速度离心 30 min，冷却至室温。取其上清液 0.50 mL(根据情况而定)置于 50 mL 容量瓶中，加 5.0 mL TISAB，用去离子水稀释至刻度，摇匀，转入塑料小烧杯中，以相同的速度进行搅拌，读数稳定后读取其电位值。

五、数据处理

(1) 根据标准溶液的电位测定值，绘制 E-lg[F^-]曲线。

(2) 根据水样和牙膏样品的电位测定值，计算水样和牙膏中游离氟的含量(以质量分数表示)，并判断各样品中牙膏含氟量是否合格。

六、注意事项

(1) 安装电极时，氟离子选择性电极和饱和甘汞电极不要彼此接触，也不要碰到杯底或杯壁。

(2) 氟离子选择性电极使用前用去离子水浸泡过夜，或在 10^{-3} mol/L NaF 溶液中浸泡

1~2 h，再用去离子水洗至说明书上规定的空白值后，才可以使用。

(3) 每次测定后，必须先将读数开关放开，再使电极离开被测液，以免指针剧烈摇摆。

七、问题讨论

(1) TISAB 的组成是什么？它们在测量中起什么作用？

(2) 本实验测定的是 F^- 的活度还是浓度？为什么？

(3) 为什么要清洗氟电极，使其响应电位值高于规定值？

附：电位仪/酸度计

电位分析法是在通过电池的电流为零的平衡条件下测量电动势的大小，计算溶液中待测物含量，从而进行定量分析的方法，包括直接电位法和电位滴定法两种方法。电位分析法具有快速简便、测量浓度范围宽等优点，在化学、生物、食品和环境等领域有广泛的应用。下面以 pHS-3C 型酸度计为例，介绍电位分析法的基本操作步骤。

1. pHS-3C 型酸度计的基本构成

图 4-2 是 pHS-3C 型酸度计，主要由参比电极、指示电极和主机显示器等部件构成。

图 4-2　pHS-3C 型酸度计

2. pHS-3C 型酸度计测定电位的基本操作

1) 开机前的准备

(1) 将饱和甘汞电极及离子选择性电极的电极梗旋入电极梗插座，调节电极夹到适当位置。

(2) 取下饱和甘汞电极上下端的电极套。

(3) 用蒸馏水清洗电极，清洗后用滤纸吸干。

2) 开机测定

(1) 电源线插入电源插座。

(2) 按下电源开关，电源接通后，预热 30 min。

(3) 将功能开关拨到 mV 位置，调节“零点”调节器至读数为 0 处。

(4) 将电极插入纯水中，开启电磁搅拌器，调节至合适的速度，清洗至合适的读数。

(5) 用滤纸擦干电极表面的水，插入待测溶液中，搅拌 2～3 min，至读数稳定时，读取电动势值。

实验结束时，首先清洗电极，擦干，放上电极保护套，关闭电源及电磁搅拌器。整理好试剂、仪器，做好台面和地面等实验室的卫生，填写仪器使用记录本并签字。

3. pHS-3C 型酸度计的日常保养和注意事项

(1) 电极的输入端要保持干燥和清洁。

(2) 应检查参比电极饱和氯化钾溶液的量，适时补充。

(3) 电极有一定的使用寿命和保存期限，若测量不稳定或效率下降，应及时更换。

4.2　库仑分析法

实验 38　库仑滴定法测定砷的含量

一、实验目的

(1) 掌握库仑滴定法和双铂电极安培法指示终点的原理和方法。

(2) 学习库仑滴定法测定砷含量的原理和方法。

(3) 学习使用 KLT-1 型通用库仑仪。

二、方法原理

库仑滴定法是通过电解产生的物质作为“滴定剂”滴定被测物质的一种分析方法。库仑滴定法以 100%的电流效率电解产生一种物质(滴定剂),这种电解产生的“滴定剂”能与被分析物质进行定量的化学反应，反应的终点可借助指示剂、电位法、电流法等进行确定。根据滴定终点时电解所消耗的电量，由法拉第电解定律计算出产生“滴定剂”的量，从而计算出被测物质的含量。本实验是以电解产生的碘为滴定剂测定样品中砷的含量。

电解碘化钾溶液时，在工作电极上发生的反应为

阳极：　$$3I^- \longrightarrow I_3^- + 2e^-$$

阴极：　$$2H_2O + 2e^- \longrightarrow H_2\uparrow + 2OH^-$$

为了使电解产生的碘电流效率达到 100%，要求电解液的 pH＜9。但是要使三价砷完全氧化为五价砷，必须使电解液的 pH＞7。为此，控制在弱碱性条件下，使电解产生的碘能把亚砷酸迅速而定量地氧化成砷酸，滴定反应式为

$$H_3AsO_3 + I_3^- + H_2O \longrightarrow HAsO_4^{2-} + 3I^- + 4H^+$$

因此，结合法拉第电解定律由下式可以计算砷的含量：

$$c_{As}(mg/L) = \frac{m_{As}}{V_{水样}} = \frac{M_{As}Q}{nFV_{水样}} \times 1000$$

式中：各符号具有通常意义。

滴定终点用双铂电极安培法指示。将一对作指示电极的铂片插在待滴定的溶液中，加上一个较低的恒电压(如 150 mV)。由于三价砷和五价砷电对的不可逆性，它们不会在这两个电极上反应。在滴定的等当点前，由于溶液中没有过量碘存在，阴极处于理想极化状态，所以通过的电流极小；在等当点后，溶液中有了过量的碘，则指示电极上发生了下列反应：

阳极：　$$3I^- \longrightarrow I_3^- + 2e^-$$

阴极：　$$I_3^- + 2e^- \longrightarrow 3I^-$$

这时，指示电极的电流明显增大。在一定范围内，此电流的大小与碘的浓度呈线性关系。

本实验采用 KLT-1 型通用库仑仪，当指示电极上的电流明显发生变化时，电解自动停止并显示电解消耗的总电量(mC)。为了防止电解产物对电极的影响，在工作阴极上加一个底部有微孔玻璃板的玻璃套管。加于指示电极上电压的任何微小变化，或者搅拌速度的变化，都会引起指示电流的改变和不稳定，所以指示系统采用独立的工作电源，且搅拌要稳定。电解池中指示电极置于工作电极的电场外，但又靠近工作阳极，使溶液流动方向从工作阳极流向指示电极。

三、实验仪器和试剂

1. 仪器

KTL-1 型通用库仑仪，电磁搅拌器。

2. 试剂

三价砷标准溶液(含 0.05 g/L As_2O_3)，碳酸氢钠，碘化钾。

四、实验步骤

(1) 仪器开启电源前，将所有按键全部释放，“工作/停止”开关置于“停止”位置，电解电流量程至 5 mA，电流微调放在最大位置。

(2) 开启电源开关，预热 30 min。

(3) 配制 100 mL 5.4% KI + 0.5% $NaHCO_3$ 溶液作电解液。

(4) 预电解：量取 50 mL 电解液于电解池中，准确加入 1.00 mL 三价砷标准溶液，接上电极(大二芯红线接双铂片，黑线接铂丝阴极，小二芯黑、白夹子分别夹在双铂片引出的电极丝上)，在电解阴极管中加入电解液，打开电磁搅拌器，选择合适的转速。按下“电流”、“上升”键，选择电流上升法指示终点。补偿极化电位置于 0.5 的位置，按下“启动”键，再按住极化电位无锁键，同时调补偿极化电位，使表头指针指在正中(极化电位为 250 mV)，松开极化电位键，“工作/停止”开关置于“工作”位置，按下“电解”键，终点指示灯灭，电解开始。终点时指针向右突变，终点指示灯亮，此时仪器显示的读数为预电解数据，记录作为参考。释放“启动”键，显示数码自动归零。

(5) 电流效率的测定：准确加入 1.00 mL 三价砷标准溶液于上述电解液中，按下“启动”键，再按下“电解”键，电解重新开始。终点时指针向右突变，终点指示灯亮，此时仪器显示的读数为总消耗的电量(mC)，记录后释放“启动”键，显示数码自动归零。重复测量 3 次。

(6) 准确移取三价砷的未知溶液 2.00 mL，按上述方法测量 3 次。

(7) 实验结束后，将电解液倒入专用废液瓶，洗净电极和电解池。

五、数据处理

(1) 计算该体系的电流效率 η。

$$\eta = \frac{m_{标准值}}{m_{测量值}}$$

(2) 计算未知液中砷的含量(mg/L)。

六、问题讨论

(1) 电解液中加入一定量 KI 及 $NaHCO_3$ 的作用是什么?
(2) 实验中碘离子不断再生，是否可以用极少量的 KI?
(3) 试说明测量装置中电极的构成及各电极的作用。

实验 39　库仑滴定法测定药片与果蔬中维生素 C 的含量

一、实验目的

(1) 学习库仑滴定法测定维生素 C 的实验方法。
(2) 熟悉 KLT-1 型通用库仑仪的使用方法和有关操作技术。

二、方法原理

维生素 C(抗坏血酸)能够促进骨胶原的生物合成，有利于组织创伤口快速愈合，促进酪氨酸和色氨酸的代谢，延长肌体寿命，促进牙齿和骨骼生长，防止牙床出血。人体无法合成维生素 C，需通过食物补充。因此，维生素 C 是一种人体必需的营养素。缺乏维生素 C 会导致坏血病，损害人体健康。维生素 C 含量的测定方法有紫外分光光度法、反相高效液相色谱法、阻抑光度法等。

库仑滴定法是通过电解产生的物质作为"滴定剂"滴定被测物质的一种分析方法。本实验是以电解产生的碘测定维生素 C 的含量。

电解碘化钾溶液时，在工作电极上发生的反应为

阳极：　$3I^- - 2e^- \longrightarrow I_3^-$

阴极：　$2H^+ + 2e^- \longrightarrow H_2$

为了使电解产生的碘电流效率达到 100%，要求电解液的 pH<9，但是 KI 在强酸性条件下很容易被空气中的氧氧化为 I_2，同时为了减少维生素 C 的副反应，电解液 pH 应控制在弱酸性条件下，使电解产生的碘能把维生素 C 定量氧化，其反应式见图 4-3。

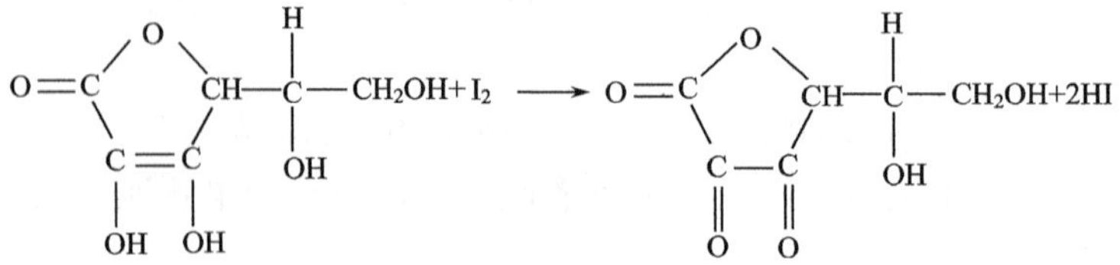

图 4-3　碘滴定维生素 C 的反应式

因此，结合法拉第电解定律，可计算维生素 C 的含量。

三、实验仪器和试剂

1. 仪器

KTL-1 型通用库仑仪，电磁搅拌器，研钵。

2. 试剂

NaAc-HAc 缓冲溶液(pH = 4.2)，维生素 C，碘化钾。

四、实验步骤

(1) 仪器开启电源前，将所有按键全部释放，“工作/停止”开关置于“停止”位置，电解电流量程至 5 mA，电流微调放在最大位置。

(2) 开启电源开关，预热 30 min。

(3) 电解液的配制：称取 2.0 g KI 固体溶于 70 mL NaAc-HAc 缓冲溶液中混匀，即得电解液。2.0 mmol/L 维生素 C 标准溶液采用去离子水配制 50 mL，现配现用。

(4) 在电解阴极管中加满电解液。在电解池中倒入约 50 mL 电解液，加入 1.00 mL 2.0 mmol/L 维生素 C 标准溶液，接上电极(大二芯红线接双铂片，黑线接铂丝阴极，小二芯黑、白夹子分别夹在双铂片引出的电极丝上)，打开电磁搅拌器，选择合适的转速。

(5) 预电解：按下“电流”、“上升”键，选择电流上升法指示终点。补偿极化电位置于 0.5 的位置，按下“启动”键，再按住极化电位无锁键，同时调补偿极化电位，使表头指针指在正中(极化电位为 250 mV)，松开极化电位键，“工作/停止”开关置于“工作”位置，按下“电解”键，终点指示灯灭，电解开始。终点时指针向右突变，终点指示灯亮，此时仪器显示的读数为为预电解数据，记录作为参考。释放“启动”键，显示数码自动归零。

(6) 电流效率的测定：量取 1.00 mL 2.0 mmol/L 维生素 C 标准溶液于上述电解液中，按下“启动”键，再按下“电解”键，电解重新开始。终点时指针向右突变，终点指示灯亮，此时仪器显示的读数为总消耗的电量(mC)，记录后释放“启动”键，显示数码自动归零。重复测量 5 组数据，计算电流效率。

(7) 样品溶液的配制：准确称取两种商品维生素 C 药片各一片(或定量果蔬泥)于小烧杯中，用少量去离子水浸泡片刻，用玻璃棒小心捣碎，在超声波清洗器中助溶。药片溶解后(药片中有少量辅料不溶)，把溶液连同残渣全部转移到 250 mL 容量瓶中，用去离子水稀释至刻度，摇匀。

(8) 取上述样品溶液 1.00 mL 加入上述电解池中，按实验步骤(6)的方法测定 5 次，计算样品中维生素 C 的含量。比较不同药品(果蔬)中维生素 C 的含量。

(9) 实验结束后，将所有按键弹起，关闭电源，洗净库仑池，存放备用。

五、数据处理

(1) 计算该体系的电流效率 η。

$$\eta = \frac{m_{标准值}}{m_{测量值}}$$

(2) 计算样品中维生素 C 的含量(以 mg/g 表示)。

$$w_{vc}(mg/g) = \frac{M_{vc}Q\eta}{nFm_{样}} \times 1000$$

六、注意事项

(1) 维生素 C 溶液最好现配现用，放置时间不宜太久。

(2) 实验过程中，注意正确调节库仑仪，避免出现过电解。

七、问题讨论

(1) 电解液中加入一定量 KI 及缓冲溶液的作用是什么？

(2) 为什么工作阳极要使用面积较大的铂片？若改用细铂丝作阳极，会产生什么问题？

附：库仑仪

库仑分析法是测定电解过程中消耗的电量，根据法拉第电解定律确定被测物含量的方法，有恒电流库仑法(库仑滴定法)和恒电位库仑法。该方法的条件是要求工作电极上除被测物外，没有其他任何电极反应发生，而且电流效率为 100%。库仑分析法的特点是操作简单、准确度好、灵敏度高、不需要基准物质和配制标准溶液，适合于微量组分分析，易于实现自动化，可用于各类滴定分析和金属有机络合物反应机理及电极反应过程研究等。

1. KTL-1 型通用库仑仪的基本构成

图 4-4 是 KTL-1 型通用库仑仪，该仪器由终点选择方式、控制电路、电解电流交换电路、电流对时间的积算电路和数字显示等构成，具有电流法、电位法、等当点上升和等当点下降四种指示电极终点的检测方式，可以依据不同的实验要求进行电极和电解液的选择，实现分析测定。分析过程中使用的铂电解池采用四电极系统，指示电极由两根

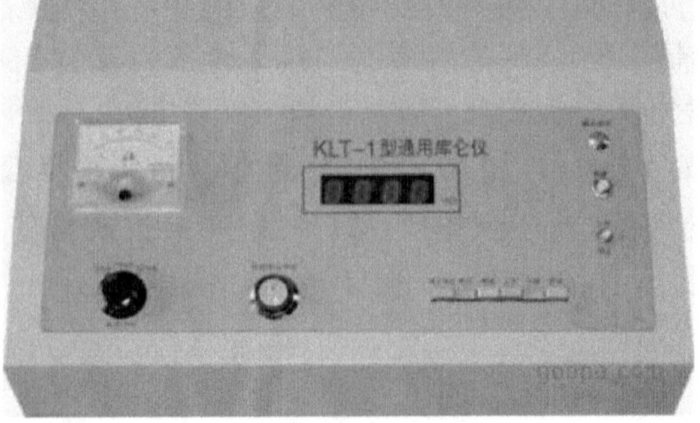

图 4-4　KTL-1 型通用库仑仪

相同的铂片和一根有砂芯隔离的钨棒电极组成，电流法使用两根相同的铂片，电位法使用一根铂片和一根有砂芯隔离的钨棒。

2. KTL-1 型通用库仑仪的基本操作

1) 开机前的准备

仪器开启电源前，将所有按键全部释放，"工作/停止"开关置于"停止"位置，电解电流量程至 5 mA，电流微调放在最大位置。

2) 开机测定

(1) 打开电源开关，预热 30 min。

(2) 在电解阴极管中加满电解液，接上电极(大二芯红线接双铂片，黑线接铂丝阴极，小二芯黑、白夹子分别夹在双铂片引出的电极丝上)，打开电磁搅拌器，选择合适的转速。

(3) 预电解：按下"电流"、"上升"键，选择电流上升法指示终点。补偿极化电位置于 0.5 的位置，按下"启动"键，再按住极化电位无锁键，同时调补偿极化电位，使表头指针指在正中(极化电位为 250 mV)，松开极化电位键，"工作/停止"开关置于"工作"位置，按下"电解"键，终点指示灯灭，电解开始。终点时指针向右突变，终点指示灯亮，此时仪器显示的读数为为预电解数据，记录作为参考。释放"启动"键，显示数码自动归零。

(4) 电流效率的测定：量取标准溶液于上述电解液中，按下"启动"键，再按下"电解"键，电解重新开始。终点时指针向右突变，终点指示灯亮，此时仪器显示的读数为总消耗的电量(mC)，记录后释放"启动"键，显示数码自动归零。重复测量 5 组数据，计算电流效率。

(5) 样品测定：取待测样品溶液加入上述电解池中，按步骤(4)的方法测定 5 次，计算样品溶液中待测物的含量。

实验结束后，将所有按键弹起，关闭电源，洗净库仑池，存放备用。整理好试剂、仪器，做好台面和地面等实验室的卫生，填写仪器使用记录本并签字。

3. KTL-1 型通用库仑仪的日常保养和注意事项

(1) 保持电源插座的干燥和清洁，防止受潮和污染。

(2) 及时补充电极玻璃管内的内充液，保证内充液高出被测液 1 cm 以上，而且内充液每周需要更换。

4.3　极谱分析法

实验 40　单扫描极谱法测定铅和镉的含量

一、实验目的

(1) 掌握单扫描极谱法的基本原理及应用。

(2) 掌握极谱分析仪的使用方法。

二、方法原理

极谱分析法是电化学在20世纪发展中的最大成果，是电化学基本理论研究的一种重要手段，早期广泛应用于痕量组分的分析中。但是，极谱分析法是基于滴汞电极的研究，考虑到汞对人体和环境都存在潜在的污染风险，并且近年来固体电极伏安分析法大力发展，极谱分析法的应用研究已经大幅萎缩。但是，极谱分析法仍然不失为一种可供选择的痕量组分分析方法。

单扫描极谱法是在一个汞滴长成的后期，当汞滴的面积基本保持恒定时，线性改变滴汞电极的电位，观察电流随电位的变化曲线，即 i-E 曲线。该曲线可以直接从示波管荧光屏上显示出来。

单扫描示波极谱加在滴汞电极上的电压扫描速度一般为 0.25 V/s，比普通极谱的扫描速度(0.2 V/min)更快。当达到待测物的析出电位时，待测物迅速在电极上还原，产生很大的电流；在快速极化条件下，由于电极附近待测物的浓度急剧降低，扩散层厚度随之逐渐增大，溶液主体中的可还原物质又来不及扩散到电极上，因此电流下降。这样极谱曲线出现了尖峰。对于可逆电极反应过程，可用峰电流方程式表示：

$$i_{\mathrm{p}} = Kn^{3/2}q_{\mathrm{m}}^{2/3}t^{2/3}D^{1/2}v^{1/2}c$$

式中：v 为扫描速率，即电压变化率(V/s)；t 为出现电流峰的时间(s)；i_{p} 为峰电流(μA)；K 为常数。其他字母表示参数含义与尤考维奇方程相同。

在一定的实验条件下，峰电流 i_{p} 与被测物质的浓度 c 成正比，即

$$i_{\mathrm{p}} = kc$$

此关系式即为单扫描极谱法定量分析的依据。

三、实验仪器和试剂

1. 仪器

JP-2 型示波极谱仪。

2. 试剂

Cd^{2+}标准溶液(1.00×10^{-3} mol/L)，Pb^{2+}标准溶液(1.00×10^{-3} mol/L)，盐酸溶液(4 mol/L)，明胶溶液(5 g/L)。

四、实验步骤

(1)准确移取含 Cd^{2+}、Pb^{2+}水样 25 mL 于 50 mL 容量瓶中，加入 15 mL 4 mol/L 盐酸溶液，1.00 mL 5 g/L 明胶溶液，用蒸馏水稀释至刻度，摇匀备用。

(2)吸取上述溶液 10 mL 于 10 mL 小烧杯中，以−0.30 V 为起始电位，于示波极谱仪上测量镉和铅的阴极导数极谱波，读取其波高值。

(3) 在上述测量溶液中，分别加入 1.00×10^{-3} mol/L Cd^{2+}和 Pb^{2+}标准溶液各 0.30 mL，搅匀，同实验步骤(2)测量镉和铅的阴极导数极谱波。

五、数据处理

根据标准加入法公式，计算水样中镉和铅的浓度：

$$c = \frac{c_s V_s h}{(V_x + V_s)H - hV_x}$$

式中：c 为被测物在试液中的浓度；V_x 为试液的体积；c_s 为加入标准溶液的浓度；V_s 为加入标准溶液的体积；h 和 H 分别为加入标准溶液前后的峰高。

六、注意事项

(1) 开启仪器电源开关后需预热 30 min，在没有听到仪器内部继电器吸放声之前，不能将电极插入试液，否则将损坏电极。

(2) 实验过程中防止汞滴溅落在实验桌上，若发生应及时采取正确的措施进行处理。废电解液倒入专用非溶液皿中，切勿倒入水槽。

七、问题讨论

(1) 单扫描极谱图中电流随电位的变化曲线为什么出现尖峰状？

(2) 单扫描极谱法的电解液测定时为什么不需要除氧？

附：示波极谱仪

单扫描极谱法是在含有被测物的电解池的两个电极上加一个随时间线性变化的电压，将电解池产生的电流通过电阻及电压降加到示波器的垂直偏转系统，在示波器上观察电压-电流变化曲线，一个汞滴周期得到一条极谱曲线，实验条件一定时，利用峰电流与被测物浓度成正比的关系，实现定量分析。该方法快速方便、准确度高、重现性和选择性好，适用于医药、地矿、环境、食品和工业等领域的无机及有机化合物分析和电极动力学过程研究。

1. JP-2 型示波极谱仪的基本构成

图 4-5 是 JP-2 型示波极谱仪，该仪器由主机-电极系统构成。主机电路分为同步控制器、扫描电压发生器、补偿放大器、电流补偿电路、阻抗转移器、垂直电压放大器、微分器、显示器和稳压电源。电极系统包括滴汞电极、铂电极、甘汞电极、振动器和供汞器具，可以使用双电极或三电极系统。双电极系统有滴汞电极和辅助电极(大面积汞层)，三电极系统有滴汞电极、参比电极(饱和甘汞电极)和辅助电极(铂电极)。

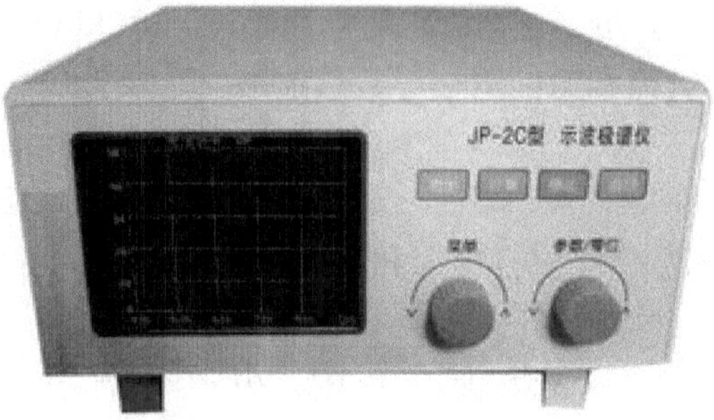

图 4-5　JP-2 型示波极谱仪

2. JP-2 型示波极谱仪的基本操作

1) 开机前的准备

将不同的电极插入各自的插孔，固定好各种电极。

2) 开机测定

(1) 接通电源，将储汞瓶升至一定高度，选择“原位电位”值，将电极插入被测溶液，注意双电极或三电极的转换。

(2) 测量开关至“阴极化”时，由左至右进行扫描，“阳极化”时由右至左进行扫描，分别测定还原波和氧化波。观察极谱波，可以分别进行前期补偿或斜度补偿。

(3) 根据被测物的还原峰和氧化峰的峰电位值，调节极性开关正负数值和电流倍数值。

(4) 根据不同的要求，选择不同的极谱波检测方法进行测定。

(5) 实验结束后，收回支撑机足架，放平仪器，关闭电源。整理好试剂、仪器，做好台面和地面等实验室的卫生，填写仪器使用记录本并签字。

3. JP-2 型示波极谱仪的日常保养和注意事项

(1) 注意仪器的防尘、防震和防污染。

(2) 如果长期不使用示波极谱仪，要定期通电操作。

4.4　伏安分析法

实验 41　水样中痕量 Cu^{2+}、Pb^{2+}和 Cd^{2+}的阳极溶出伏安法测定

一、实验目的

(1) 掌握溶出伏安法的基本原理。

(2) 学习汞膜电极的使用方法。

(3) 学习阳极溶出伏安法测定痕量金属离子的方法。

二、方法原理

溶出伏安法的测定包含富集和溶出两个基本过程。首先，将工作电极控制在某一电位条件下，使被测物质在电极表面富集。然后在工作电极上施加线性变化的电压，使电极表面的被测物质溶出，同时记录电流与电极电位的关系曲线。根据溶出峰电流的大小或峰面积确定被测物质的含量。溶出伏安法主要分为阳极溶出伏安法、阴极溶出伏安法和吸附溶出伏安法。本实验采用阳极溶出伏安法测定水中金属离子的过程可表示为

$$Me^{n+} + ne^- + Hg \underset{溶出}{\overset{富集}{\rightleftharpoons}} Me(Hg)$$

首先，采用同位镀汞法，将被测金属离子在一定的电位条件下预电解一定时间，使其还原富集在玻碳电极表面；然后控制电位从负向正进行阳极扫描，使被测物质从电极表面氧化溶出。根据溶出电位，可以进行定性分析。在一定实验条件下，氧化峰电流的大小与对应被测金属离子的浓度成正比，从而可以进行定量分析。定量分析可采用标准曲线法或标准加入法。标准加入法的计算公式为

$$c_x = \frac{hc_\text{s}V_\text{s}}{(V+V_\text{s})H - Vh}$$

式中：c_x、V 和 h 分别为试样的浓度、体积和溶出峰高；c_s 和 V_s 分别为所加标准溶液的浓度和体积；H 为加标后的溶出峰高。

溶出是富集的逆过程，但富集是缓慢的积累，溶出是突然的释放，因此法拉第电流信号明显增加，故溶出伏安法有较高的灵敏度。富集过程中预电解的时间、搅拌的速度、电极的面积及溶出过程的电位扫描速度等都会影响峰电流的大小，所以测定时必须使各条件保持一致。

本实验在 NaAc-HAc 缓冲溶液的支持电解液中，以玻碳汞膜电极为工作电极，先在电位–1.0 V 处富集，然后阳极扫描溶出。根据氧化峰电流的大小和溶出电位可对 Cu^{2+}、Pb^{2+} 和 Cd^{2+} 同时进行定性和定量分析。

三、实验仪器和试剂

1. 仪器

CHI 系列电化学工作站，电解池，玻碳工作电极、铂丝辅助电极与甘汞或 Ag/AgCl 参比电极组成的三电极系统。

2. 试剂

HAc-NaAc 缓冲溶液（0.1 mol/L），$HgSO_4$ 溶液（0.02 mol/L），Cu^{2+} 标准溶液（1.0 mmol/L），Pb^{2+} 标准溶液（1.0 mmol/L），Cd^{2+} 标准溶液（1.0 mmol/L）。

四、实验步骤

1. 玻碳汞膜电极的制备

用 Al_2O_3（粒径 0.05 μm）抛光粉将玻碳工作电极抛光至镜面，分别在 10%稀硝酸溶液、丙酮和超纯水中用超声波清洗 1～2 min，晾干备用。

在电解池中加入 100 μL 0.02 mol/L $HgSO_4$ 溶液和 10 mL 水。将三电极系统插入电解液中，连接电化学工作站。控制电极电位为–0.1 V，通氮气除氧 15 min，搅拌条件下电镀 5 min 即可。

2. 参数设置

打开 CHI 电化学工作站软件，选择单扫描伏安法，起始电位–1.2 V，终止电位 0.1 V，扫描速度 100 mV/s。打开预处理（precondition）功能，参数设置为 step 1；potential：–1.2 V；time：60 s。step 2（停止通氮气搅拌）：potential：0 V；time：30 s。

3. 溶出定性分析

在电解池中加入 1.0 mL 0.1 mol/L HAc-NaAc 缓冲溶液和 10 mL 水。将三电极系统插入电解液中，通氮气，搅拌，扫描记录空白溶出曲线。然后，在空白溶液中加入 20 μL 1.0 mmol/L Cu^{2+}标准溶液、1.0 mmol/L Pb^{2+}标准溶液和 1.0 mmol/L Cd^{2+}标准溶液。扫描记录溶出伏安曲线。测量结束后，将三电极体系在 0.1 V 电位下清洗 30 s。增加金属离子的浓度，改变实验参数，如富集电位、富集时间、扫描速度等，观察溶出伏安曲线的变化。

4. 样品中 Cu^{2+}、Pb^{2+}和 Cd^{2+}的定量分析

准确移取 10.00 mL 水样于电解池中，加入 1.0 mL 0.1 mol/L HAc-NaAc 缓冲溶液，搅拌，扫描记录溶出伏安曲线，再重复两次。然后，在电解液中加入 10.0 μL 1.0 mmol/L Cu^{2+}标准溶液、1.0 mmol/L Pb^{2+}标准溶液和 1.0 mmol/L Cd^{2+}标准溶液，再次扫描记录溶出伏安曲线，并重复两次。

五、数据处理

（1）讨论溶出伏安曲线上氧化峰的变化，以及实验条件对峰高的影响，确定 Cu^{2+}、Pb^{2+}和 Cd^{2+}的溶出峰电位。

（2）记录水样及标准溶液加入后的峰高值，计算水样中 Cu^{2+}、Pb^{2+}和 Cd^{2+}的浓度，以 μg/mL 表示。

六、问题讨论

（1）实验中为什么要对实验条件严格保持一致？

（2）为什么阳极溶出伏安法测定时要搅拌，而经典极谱不要求搅拌？

（3）溶出伏安法为什么有较高的灵敏度？

实验 42　循环伏安法测定电极反应过程

一、实验目的

(1)学习循环伏安法测定电极反应过程的基本原理。

(2)熟悉伏安法测量的实验技术。

二、方法原理

循环伏安法是最重要的电化学分析方法之一，在电化学、无机化学、有机化学、生物化学的研究领域广泛应用。它仪器简单、操作方便、图谱解析直观，通常是研究物质电活性的首选实验方法。

循环伏安法又称三角波电位扫描法，是在工作电极和参比电极之间施加三角波线性变化的循环电压，记录工作电极上得到的电流与施加电压的关系曲线。当工作电极被施加的扫描电压激发时，会产生电流响应。以该电流(纵坐标)对扫描电位(横坐标)作图，称为循环伏安图。图 4-6 是可逆氧化还原电对(O/R)的单循环三角波电位激发信号和相应的循环伏安图响应。

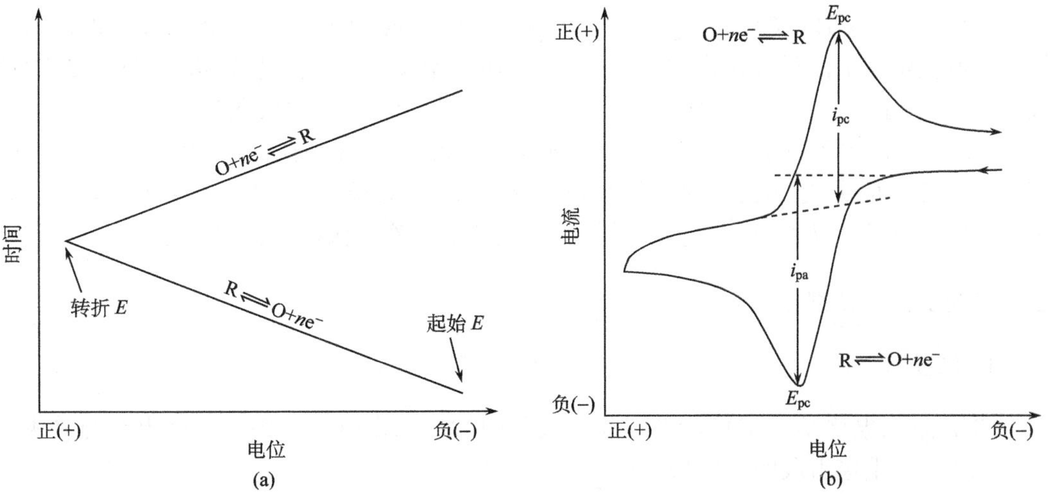

图 4-6　可逆氧化还原电对 O/R 的单循环三角波电位激发信号(a)和循环伏安图(b)

当电位正向扫描时，还原态物质 R 被氧化产生阳极电流而指示电极表面附近其浓度变化的信息。当电位负向扫描时，氧化产物 O 在电极上重新还原产生阴极电流而指示该物质是否存在和变化。因此，这种电位正反方向都扫描的方法能迅速提供电活性物质电极反应过程的可逆性、化学反应机理、电极表面吸附等许多信息。从循环伏安图中一般可以得到几个重要参数：阳极峰电流(i_{pa})、阴极峰电流(i_{pc})、阳极峰电位(E_{pa})和阴极峰电位(E_{pc})。测量 i_p 的方法见图 4-6(b)，即沿基线向扫描方向作切线外推至峰下，从峰顶作垂线至切线，其间高度即为 i_p。E_p 可直接从横坐标与峰顶对应处读取。

可逆氧化还原电对的条件电位 $E^{\ominus\prime}$ 可用下式计算：

$$E^{\ominus\prime} = \frac{E_{pa} + E_{pc}}{2} \tag{4-1}$$

而阳极峰与阴极峰之间的电位差值为

$$\Delta E_p = E_{pa} - E_{pc} \approx \frac{0.056}{n} \tag{4-2}$$

可逆体系的峰电流可以由 Randles-Savcik 方程表示：

$$i_p = 2.69 \times 10^5 n^{3/2} A D^{1/2} v^{1/2} c \tag{4-3}$$

式中：i_p 为峰电流(A)；n 为电子转移数；A 为电极面积(cm^2)；D 为扩散系数(cm^2/s)，v 为扫描速度(V/s)；c 为浓度(mol/L)。

由此方程可见，i_p 与 $v^{1/2}$ 和 c 都呈直线关系，这对研究电极反应过程具有重要意义。在可逆电极反应过程中，阳极峰电流与阴极峰电流大小相当，即

$$\frac{i_{pa}}{i_{pc}} \approx 1 \tag{4-4}$$

因此，对一个简单的电极反应过程，式(4-2)和式(4-4)是判别电极反应过程是否可逆的重要依据。

氧化还原电对 $[Fe(CN)_6]^{3-}/[Fe(CN)_6]^{4-}$ 的标准电极电位为 $E^{\ominus} = 0.36$ V(vs. SHE)。当扫描铁氰化钾溶液的循环伏安图时，控制扫描速度恒定，当电位从起始电位(+0.8 V)阴极扫描到转折电位(−0.2 V)期间，工作电极表面附近的 $[Fe(CN)_6]^{3-}$ 被还原生成 $[Fe(CN)_6]^{4-}$，产生还原电流；当电位从转折电位(−0.2 V)阳极扫描回原起始电位(+0.8 V)期间，电极表面生成的 $[Fe(CN)_6]^{4-}$ 被再氧化生成 $[Fe(CN)_6]^{3-}$，产生氧化电流。为了使 $[Fe(CN)_6]^{3-}$ 的液相传质过程只受扩散控制，电解池溶液应保持静止状态。

三、实验仪器和试剂

1. 仪器

CHI 系列电化学工作站，电解池，玻碳圆盘形工作电极、铂丝辅助电极与甘汞或 Ag/AgCl 参比电极组成的三电极系统。

2. 试剂

铁氰化钾溶液(2.0×10^{-2} mol/L)，抗坏血酸溶液(2.0×10^{-2} mol/L)，硝酸钾溶液(1.0 mol/L)，KH_2PO_4 溶液(0.5 mol/L)。

四、实验步骤

1. 玻碳工作电极的预处理

用 Al_2O_3(粒径 0.05 μm)抛光粉将玻碳工作电极抛光至镜面，分别在10%稀硝酸溶液、丙酮和超纯水中用超声波清洗 1～2 min，晾干备用。

2. 电解液的配制

(1) 在 5 个 50 mL 容量瓶中分别加入 2.0×10^{-2} mol/L 铁氰化钾溶液 1 mL、2 mL、3 mL、4 mL、5 mL，再各加入 1.0 mol/L 硝酸钾溶液 5 mL，用水稀释至刻度，摇匀。

(2) 在 5 个 25 mL 容量瓶中分别加入 2.0×10^{-2} mol/L 抗坏血酸溶液 0 mL、0.25 mL、0.50 mL、1.00 mL、2.50 mL，再各加入 0.5 mol/L KH_2PO_4 溶液 5.0 mL，用水稀释至刻度，摇匀。

3. 循环伏安法测量

将铁氰化钾溶液按照浓度由低到高的顺序逐一转移至电解池中，插入干净的三电极系统。设置起始电位+0.8 V，转向电位–0.2 V，在静止状态下以 50 mV/s 的扫描速度测量，记录不同浓度的铁氰化钾溶液的循环伏安图。当测量 2.0×10^{-3} mol/L 溶液时，逐一变化扫描速度：20 mV/s、50 mV/s、100 mV/s、150 mV/s、200 mV/s 进行测量。每完成一次测量后，轻轻搅动电解池内试液，使电极附近溶液恢复至初始条件。

如上操作，测量抗坏血酸溶液的循环伏安图。

五、数据处理

(1) 列表记录铁氰化钾的测量结果(E_{pa}、E_{pc}、ΔE_p、i_{pa}、i_{pc})。绘制铁氰化钾的 i_{pc} 和 i_{pa} 与相应浓度 c 的关系曲线；绘制 i_{pc} 和 i_{pa} 与相应 $v^{1/2}$ 的关系曲线。

(2) 求算铁氰化钾电极反应的 n 和 $E^{\ominus}$ 。

(3) 列表记录抗坏血酸的测量结果(i_{pa}、E_{pa})。绘制抗坏血酸的 i_{pa} 与相应浓度 c 的关系曲线；绘制 i_{pa} 与 $v^{1/2}$ 的关系曲线。

六、问题讨论

(1) 铁氰化钾溶液与抗坏血酸溶液的循环伏安图有什么差别？试讨论分析。

(2) 铁氰化钾的 i_{pc} 与其相应的 v 是什么关系？试解释。

(3) 在三电极体系中，工作电极、辅助电极和参比电极各起什么作用？

实验 43　对乙酰氨基酚的电化学氧化还原过程研究及测定

一、实验目的

(1) 学习循环伏安法研究物质电极过程的方法。

(2) 采用线性扫描伏安法测定对乙酰氨基酚(APAP)的含量。

二、方法原理

电化学反应不仅涉及电子转移步骤，还可能伴随质子的参与，并可能产生能够通过偶联化学反应迅速与介质组分发生反应的物质。循环伏安法能够提供较多的有关电活性物质与电极表面发生电子转移的信息，是研究电化学反应机理的最佳手段之一。它能够在正向扫描中产生某种物质，在反向扫描及随后的循环伏安扫描中检测其变化情况，这一切可以在几秒或更短的时间内完成。

APAP 是许多抗感冒药物中的主要成分之一，其主要作用是抑制前列腺素的合成而产生解热镇痛的作用。本实验采用循环伏安法证实 APAP 在电极表面的氧化还原机理，并用线性扫描伏安法测定样品中 APAP 的含量。

APAP 氧化反应过程见图 4-7。

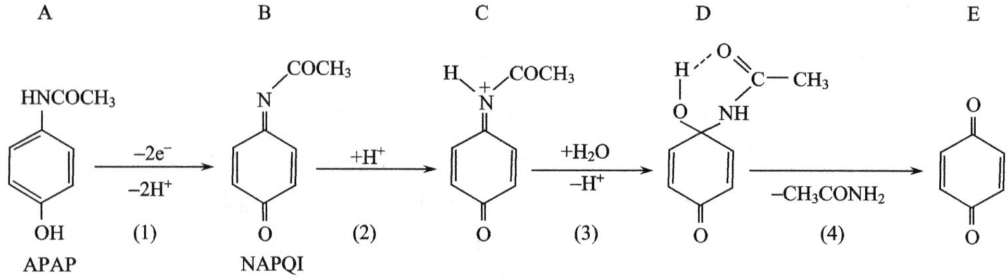

图 4-7　APAP 氧化反应过程

此机理可通过在循环伏安法实验中改变底液的 pH 及扫描速度加以证实。在 pH=6 的缓冲溶液中，APAP 可以在电极表面被迅速氧化，每分子 APAP 在电化学氧化过程中失去 2 个电子和 2 个质子生成产物 *N*-乙酰对醌胺(NAPQI)，如图 4-7 步骤(1)。由于 H^+ 参与电化学氧化，因此 APAP 的氧化峰电位随溶液 pH 的变化而变化。在溶液 pH 不小于 6 的情况下，NAPQI 能稳定地以去质子化的形式 B 存在于溶液中。因此，在该 pH 范围内，APAP 的循环伏安图中应只出现一个氧化峰，没有还原峰。该氧化峰的高度在一定条件下与 APAP 的浓度呈线性关系，这也是伏安法定量分析 APAP 的依据。

在酸性条件(如 pH=2)下，NAPQI 很容易被质子化产生物质 C，该物质不太稳定，但具有电活性，只要扫描速度足够快，能在循环伏安图中观察到一个还原峰。物质 C 能较迅速地转化成物质 D，该物质在实验所采用的电位范围内不具有电活性。因此，如果电位扫描速度较慢，则不能观察到物质 C 的还原峰。在较高酸度的溶液中，物质 D 可以转化成苯醌(物质 E)，所以在极高的酸度条件下，在循环伏安图中可以观察到一个苯醌的还原峰。

三、实验仪器和试剂

1. 仪器

CHI 系列电化学工作站，玻碳工作电极、铂丝辅助电极与甘汞或 Ag/AgCl 参比电极组成的三电极系统。

2. 试剂

pH=2.4 的磷酸氢二钠-柠檬酸缓冲溶液，pH=6.4 的磷酸氢二钠-柠檬酸缓冲溶液，硫酸(1.8 mol/L)，对乙酰氨基酚储备液(0.03 mol/L，保存在冰箱中)，含对乙酰氨基酚的药片。

四、实验步骤

(1) 用 Al_2O_3(粒径 0.05 μm) 抛光粉将玻碳工作电极抛光至镜面，分别在 10%稀硝酸溶液、丙酮和超纯水中用超声波清洗 1～2 min，晾干备用。

(2) 取 0.03 mol/L 对乙酰氨基酚储备液 2.5 mL 于 25 mL 容量瓶中，用 pH=2.4 的磷酸氢二钠-柠檬酸缓冲溶液稀释至刻度，摇匀。设置电位扫描范围为–0.2～1.2 V，以–0.2 V 作为起点正向扫描。记录扫描速度为 50 mV/s、100 mV/s、250 mV/s、500 mV/s 时的循环伏安图。记录出现的氧化峰和还原峰的峰电位。

(3) 分别在 pH=6.4 的磷酸氢二钠-柠檬酸缓冲溶液与 1.8 mol/L 的硫酸溶液中重复实验步骤(2)。

(4) 配制对乙酰氨基酚标准溶液系列：分别准确移取 0.03 mol/L 对乙酰氨基酚储备液 0 mL、0.5 mL、1 mL、1.5 mL、2 mL、2.5 mL 于 25 mL 容量瓶中，用 pH=2.4 的磷酸氢二钠-柠檬酸缓冲溶液稀释至刻度，摇匀。采用线性扫描伏安法，设置电位扫描范围为 0～1.0 V，以 0 V 作为起点正向扫描。记录线性扫描伏安图。

(5) 制备样品溶液：准确移取对乙酰氨基酚样品溶液 5.0 mL 于 25 mL 容量瓶中，用 pH=2.4 的磷酸氢二钠-柠檬酸缓冲溶液稀释至刻度，摇匀。记录其线性扫描伏安图。

五、数据处理

(1) 分别记录不同介质中对乙酰氨基酚氧化峰的峰电位，判断有无质子参与反应。

(2) 推测不同介质中对乙酰氨基酚循环伏安图每个峰所代表的电极反应。

(3) 以氧化峰电流对对乙酰氨基酚的浓度作图，绘制对乙酰氨基酚的标准曲线。

(4) 确定样品溶液中对乙酰氨基酚的浓度。

六、问题讨论

(1) 循环伏安法用于电化学反应机理研究和定量分析时，哪方面更具有优势？为什么？

(2) 如果试样中对乙酰氨基酚的浓度很低，可选择哪些伏安分析法提高灵敏度？

(3) 通过改变电极扫描速度扫描循环伏安图，可以得到哪些有用的信息？

实验 44　芦丁在纳米金修饰电极上的电化学行为及其测定

一、实验目的

(1) 学习纳米金修饰电极的制备方法。

(2) 掌握循环伏安法与微分脉冲伏安法的基本原理及测量技术。

(3) 了解芦丁的电化学行为及分析方法。

二、方法原理

纳米粒子是指纳米量级的超细微粒（粒度小于 100 nm）。其独特的拓扑结构特征使它具有体积效应、表面效应、量子尺寸效应和宏观量子隧道效应。这些效应赋予了纳米粒子许多有别于普通材料的优越性能。图 4-8（a）是不同尺寸纳米金颗粒的透射扫描电子显微镜图。由纳米材料构建的化学修饰电极通常具有比表面积大、吸附性能强、催化活性高、生物相容性好等特点，广泛用于提高电化学分析方法的灵敏度。

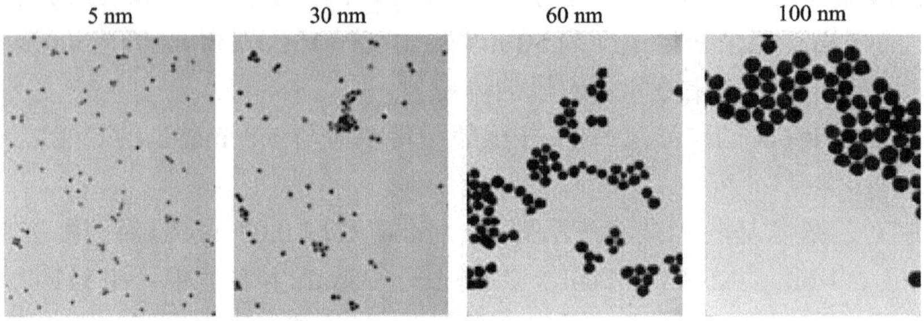

(a)

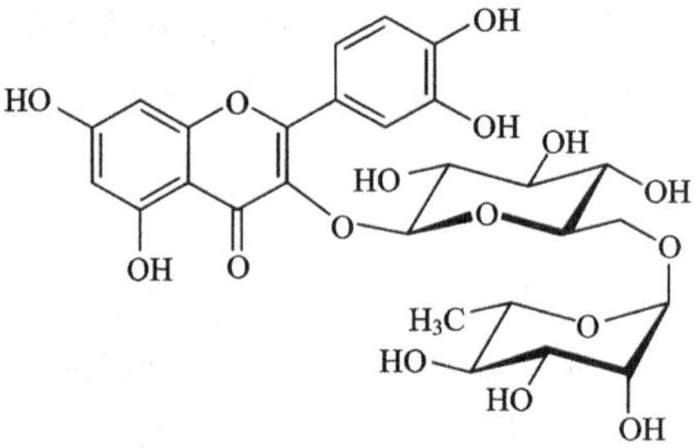

(b)

图 4-8　不同尺寸纳米金颗粒的透射扫描电子显微镜图（a）和芦丁的分子结构式（b）

芦丁是一种多羟基黄酮类化合物，分子结构式如图 4-8（b）所示，是一些中草药的有效成分，临床上可用于治疗过敏性紫癜及各种因毛细管脆性增加而引起的出血性疾病和高血压等病症的辅助治疗。芦丁分子中所含的四个酚羟基使其具有良好的电化学活性，因此可以用电化学分析方法检测。本实验采用电沉积法制备纳米金修饰电极，考察芦丁在纳米金修饰电极上的伏安响应，同时采用微分脉冲伏安技术进一步提高检测的灵敏度。

三、实验仪器和试剂

1. 仪器

CHI 系列电化学工作站，电解池，玻碳工作电极、铂丝辅助电极与甘汞或 Ag/AgCl 参比电极组成三电极系统。

2. 试剂

$HAuCl_4$溶液（5.0 mmol /L），H_2SO_4溶液（0.01 mol/L，含 0.01 mol/L Na_2SO_4），芦丁标准溶液（1.0 mmol/L），磷酸盐缓冲溶液（pH=4），Al_2O_3（粒径 0.05 μm）抛光粉。

四、实验步骤

1. 玻碳工作电极的预处理

用 Al_2O_3（粒径 0.05 μm）抛光粉将玻碳工作电极抛光至镜面，分别在 10%稀硝酸溶液、丙酮和超纯水中用超声波清洗 1～2 min，晾干备用。

2. 纳米金修饰电极的制备

配制 0.5 mmol/L $HAuCl_4$ 溶液的 0.01 mol/L H_2SO_4（含 0.01 mol/L Na_2SO_4）混合溶液 10 mL，通氮气除氧 10 min。将三电极系统置于已除氧的混合溶液中，控制电位范围为 –0.5～1.5 V，以 100 mV/s 的扫描速度循环扫描 5 圈，沉积金纳米粒子到玻碳电极表面。

3. 芦丁在裸玻碳电极和修饰电极上的循环伏安行为

在电解池中加入 10 mL 含芦丁标准溶液 10 μmol/L 的磷酸盐缓冲溶液，插入三电极系统，在–0.2～0.8 V，以 100 mV/s 的扫描速度进行循环伏安扫描，观察芦丁在裸玻碳电极和修饰电极上的循环伏安行为，记录峰电流和峰电位。

4. 扫描速度的影响

改变扫描速度为：0.1 V/s、0.15 V/s、0.2 V/s、0.25 V/s、0.30 V/s，其他条件同实验步骤 3，观察芦丁在纳米金修饰电极上的循环伏安行为，记录峰电流。

5. 标准曲线的绘制

改变芦丁标准溶液的浓度为：0.1 μmol/L、0.2 μmol/L、0.5 μmol/L、1.0 μmol/L、2.0 μmol/L，其他条件同实验步骤 3，观察芦丁在纳米金修饰电极上的微分脉冲伏安行为，记录峰电流并制作标准曲线。

五、数据处理

(1) 在相同芦丁浓度下，分别以阳极峰电流 i_{pa}、阴极峰电流 i_{pc} 对扫描速度（v）作图，说明二者之间的关系。

(2) 在相同扫描速度下，分别以阳极峰电流 i_{pa}、阴极峰电流 i_{pc} 对芦丁溶液的浓度作图，说明峰电流与浓度之间的关系。

(3) 计算相同实验条件下的 i_{pa}/i_{pc} 值及峰电位差 ΔE，根据实验结果判断芦丁在纳米金修饰电极上的电化学可逆性。

六、问题讨论

(1) 芦丁在纳米金修饰电极和裸电极上的循环伏安行为有什么不同？为什么？

(2) 若实验中测得的条件电位值和$\Delta\varphi$值与文献值有差异，试说明原因。

(3) 为什么微分脉冲伏安法有较高的灵敏度？

附：电化学分析仪/工作站

电化学分析仪/工作站集成 30 多种常用电化学测试方法，如恒电位、恒电流、电流和电位扫描、电流和电位阶跃、脉冲、方波、交流伏安法、库仑法、电位法和交流阻抗等，可以测量各种电化学参数，是通用的电化学测量系统。

1. CHI 系列电化学工作站的基本构成

CHI 系列电化学工作站包括信号发生器、数据采集系统、信号滤波器、信号增益、IR 降补偿电路和恒电位(流)仪等，工作站和电极系统相连，工作过程由计算机控制，操作方便，检测快速。

2. CHI 系列电化学工作站的基本操作

1) 开机前的准备

将电源线和电极相连，如三电极系统中，红色线连接辅助电极，绿色线连接工作电极，白色线连接参比电极，然后将三电极插入电解池中。

2) 开机测定

(1) 打开计算机和工作站电源开关，预热 20 min。

(2) 打开工作站软件，选择测试模式，设定实验参数，运行，进行测试，记录实验数据或图谱。

(3) 根据不同的实验要求和实验模式，进行数据处理。

实验结束后，整理好试剂、仪器，做好台面和地面等实验室的卫生，填写仪器使用记录本并签字。

3. CHI 系列电化学工作站的日常保养和注意事项

(1) 使用单相三线电源，地线接地，防止漏电。

(2) 不宜在测试过程中不断开机和关机。

(3) 实验结束后，电极放置于干净的器皿中。

第 5 章　色谱分析法

色谱分析法是利用混合物在流动相和固定相之间的分配系数差异而在两相之间反复分配实现分离分析的仪器分析方法。色谱法一般分为气相色谱法、液相色谱法和超临界流体色谱法等，其中气相色谱法和液相色谱法应用最广。

色谱法既可以分析有机物，也可以分析无机物；既可以分析小分子，也可以分析大分子；既可以分析简单样品，也可以分析复杂实际样品，特别适合多组分同时分析，是应用性最广的分离分析方法，也是最实用可靠的仪器分析方法。

气相色谱法是指以气体为流动相的色谱分析方法，分析速度快，分离效能高，消耗样品少，检测器种类多，适用于气体、低沸点及热稳定性好的化合物的直接分离分析，而对于一些热稳定性差或高沸点的化合物，可以通过衍生化实现气相色谱分析。目前，该方法主要应用于环境污染、石油化工、合成化学、食品工业和医药卫生等领域。

液相色谱法是指以液体为流动相的色谱分析方法，该方法对于化合物的沸点、热稳定性和相对分子质量没有限制，可以通过选择流动相组成实现多组分的有效分离，分离模式和方法灵活多样，方法的选择性好，所以应用非常广泛，是环境、食品、医药和材料等行业的标准检测方法。

5.1　气相色谱法

实验 45　气相色谱的保留时间法定性及归一化法定量

一、实验目的

(1) 掌握与已知物对照保留时间定性的分析方法。

(2) 掌握归一化定量分析方法。

(3) 学会正确操作气相色谱仪。

二、方法原理

当色谱分离条件一定时，任何组分都有确定的保留时间，而各组分保留时间之间的差异则体现出这些组分在性质及分子结构方面的不同，保留时间可以从色谱图上直接获取，因此被用作最基本的定性鉴定参数。在相同的色谱操作条件下，相同化合物应具有相同的保留时间，因此可以将未知物和已知标准物质的色谱图进行对照，推测与色谱峰对应的化合物。如图 5-1 所示，将试样的色谱图与相同色谱条件下得到的已知标准样品的色谱图对照，可推测未知试样中峰 2、峰 3、峰 4、峰 7 和峰 9 分别可能是甲醇、乙醇、正丙醇、正丁醇和正戊醇。

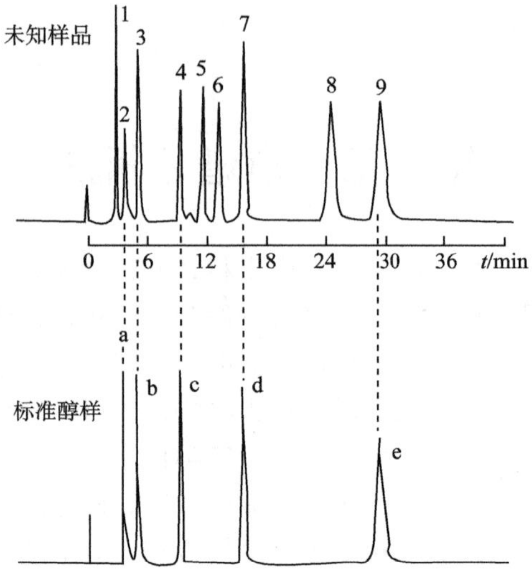

图 5-1　用已知纯物质与未知样品对照比较进行定性分析

1～9.未知物色谱峰；a.甲醇；b.乙醇；c.正丙醇；d.正丁醇；e.正戊醇

色谱的定量测定建立在检测信号(色谱峰面积或峰高)的大小与进入检测器组分的量(质量、体积、物质的量等)成正比的基础上，即色谱信号与组分的量满足下列关系：

$$w = fA \quad 或 \quad w = fh$$

式中：w 为组分的量；f 为绝对校正因子；A 为峰面积；h 为峰高。

在色谱定量分析方法中，归一化法较为简便，但要求样品中所有组分的色谱峰都能被检测到并得到良好的分离。采用归一化法定量时，样品中各组分的百分含量可用式(5-1)计算：

$$P_i\% = \frac{A_i f_i}{A_1 f_1 + A_2 f_2 + \cdots + A_n f_n} \times 100 \tag{5-1}$$

式中：P_i 为 i 组分的百分含量；A_1、A_2、…、A_n 为各组分的峰面积；f_1、f_2、…、f_n 为各组分的相对校正因子(或绝对校正因子)。式中的峰面积 A 可用峰高 h 代替。

绝对校正因子受仪器及操作条件的影响很大，应用受到限制。在实际定量分析中，通常采用相对校正因子，即组分 i 与基准组分 s 的绝对校正因子之比：

$$f_{is}^A = \frac{f_i^A}{f_s^A} = \frac{A_s w_i}{A_i w_s} \quad 或 \quad f_{is}^h = \frac{f_i^h}{f_s^h} = \frac{h_s w_i}{h_i w_s}$$

相对校正因子不受实验条件的影响，只与检测器类型有关。

三、实验仪器和试剂

1. 仪器

气相色谱仪，非极性色谱柱，氮气钢瓶，氢气发生器，空气泵，微量注射器。

2. 试剂

正己烷，正庚烷，正辛烷，苯，甲苯，待测试样。

四、实验步骤

1. 色谱仪的调节

逆时针旋转打开载气钢瓶总阀，顺时针缓慢转动减压阀至达到合适的压力。打开气相色谱仪电源开关，选择合适的进样器、色谱柱和检测器的温度进行设置，并开启加热开关。待进样器、色谱柱和检测器的温度达到设定值后，打开氢气发生器和空气泵，点火。

2. 色谱定性分析

用微量注射器分别吸取适量正己烷、正庚烷、正辛烷、苯、甲苯及待测试样进样，绘制色谱图。

3. 归一化法定量分析

1) 测定相对校正因子

将正己烷、苯与甲苯等体积混合，然后用微量注射器吸取适量该混合液进样，绘制色谱图。

2) 测定试样中的苯含量

用微量注射器吸取适量待测试样进样，绘制色谱图。平行测定 3 次。

五、数据处理

(1) 比较标准纯物质与待测试样色谱图，定性鉴定待测试样中的各色谱峰。

(2) 计算正己烷和苯相对于甲苯的相对校正因子。

(3) 用归一化法求出未知试样中苯的体积分数。

六、注意事项

(1) 利用已知物直接对照定性的方法虽然简单，但保留时间的特征性不是很强，在相同的色谱条件下，具有相同保留时间的色谱峰对应的不一定是同一个物质。因此，采用这种方法所做出的定性推测，有时还需要进一步确认。

(2) 载气流速、柱温等操作条件的微小变化都会使保留时间发生变化。

七、问题讨论

(1) 校正因子有几种表示方法？它们之间有什么关系？

(2) 如果实验要求测定未知试样中苯的质量分数，应如何配制混合标准样品？其各组分的校正因子是否与本实验求得的值相同？为什么？

(3) 气相色谱法适合测定哪一类物质？

实验 46　载气流速及柱温变化对分离度的影响

一、实验目的

(1) 了解载气流速及柱温的选择对色谱分析的重要性。
(2) 了解组成气相色谱仪的主要元件及功能。
(3) 练习气相色谱仪的操作。

二、方法原理

相邻色谱峰的分离程度，即分离度对色谱峰面积和高度的准确测量有直接影响，从而对色谱定量分析的准确度产生影响。分离度的大小主要取决于相邻色谱峰之间的距离和色谱峰的展宽程度，前者与色谱柱固定相有关，后者则与柱效相关。塔板数和塔板高度是衡量柱效高低的指标，塔板数越多、塔板高度越低，柱效越高，色谱峰的展宽程度越小。塔板高度 H 与载气线速度 u 的关系如下：

$$H = A + \frac{B}{u} + Cu$$

式中：A、B、C 分别代表涡流扩散项系数、分子扩散项系数、传质阻力项系数。

加大载气流速，可降低因分子扩散导致的色谱峰展宽程度，但却会使传质阻力引起的色谱峰扩张加剧。柱温的变化不仅会改变组分的分配系数，也会影响传质速率和分子扩散程度，从而改变分离度。

当色谱柱和其他条件一定时，可通过选择载气流速和柱温来改善分离。

三、实验仪器和试剂

1. 仪器

气相色谱仪(配热导检测器)，色谱柱 10%SE-30(80～100 目，ϕ4 mm×2 m)，氮气钢瓶，微量注射器，皂膜流量计。

2. 试剂

庚烷和苯的混合溶液。

四、实验步骤

(1) 逆时针旋转打开载气钢瓶总阀，顺时针缓慢转动减压阀至达到合适的压力。
(2) 打开气相色谱仪电源开关，将进样器、色谱柱和检测器的温度分别设置为 120℃、65℃和 110℃。
(3) 桥电流设置为 50 mA。
(4) 将载气流速恒定在 40 mL/min，柱温分别设定在 65℃、80℃和 95℃，重复注入庚烷和苯的混合溶液。

(5) 将柱温恒定在65℃，改变载气流速，重复注入庚烷和苯的混合溶液。

五、数据处理

(1) 根据下式分别计算柱温在65℃、80℃和95℃时庚烷和苯的分离度：

$$R_S = \frac{t_{R_2} - t_{R_1}}{\frac{1}{2}\left[y_{1/2(1)} - y_{1/2(2)}\right]}$$

(2) 计算不同载气流速下庚烷和苯的分离度。

六、注意事项

(1) 应控制开启减压阀的速度，避免因过快而使压力超过预设值。
(2) 改变柱温和流速后，待仪器稳定后再进样。

七、问题讨论

(1) 影响分离度的主要色谱操作条件有哪些？
(2) 用微量注射器进样时应注意什么？

实验47　内标法测定酊剂中乙醇的含量

一、实验目的

(1) 掌握内标对比定量分析方法。
(2) 了解氢火焰离子化检测器的结构。
(3) 掌握氢火焰离子化检测器的工作原理。

二、方法原理

酊剂是用规定浓度的乙醇浸出或溶解而制成的澄清液体药物制剂，如橙皮酊、碘酊等。乙醇沸点低、热稳定性好，因此酊剂中的乙醇含量可以采用气相色谱法测定。选择适宜的物质作为待测组分的参比物(内标物)，等量分别加到待测组分的标准样品和试样中，依据待测组分和内标物的峰面积或峰高之比及标准样品浓度进行定量分析的方法称为内标对比法。这种定量分析方法既能克服标准曲线法中由于色谱条件的微小变化和进样量不准确产生的误差，又不必测量校正因子，待测试样中组分 i 含量(V/V)的计算公式如下：

$$c_i = \frac{(A_i / A_{iS})_{试样}}{(A_i / A_{iS})_{标准}} \times c_{标准}$$

氢火焰离子化检测器的离子室包含气体入口、氢火焰喷嘴及一对电极(收集阳极和阴极)，其结构如图5-2所示。

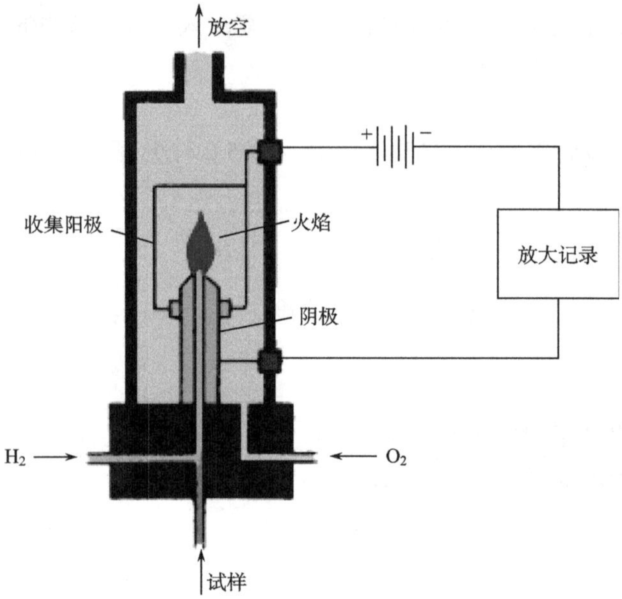

图 5-2　氢火焰离子化检测器的结构

含碳有机化合物由载气带出色谱柱后，与氢气混合，然后进入离子室火焰区，发生化学电离产生正、负离子。例如，苯在氢火焰中的化学电离反应如下：

$$C_6H_6 \xrightarrow{\text{裂解}} 6CH\cdot$$

$$6CH\cdot + 3O_2 \longrightarrow 6e^- + 6CHO^+$$

$$6CHO^+ + 6H_2O \longrightarrow 6CO + 6H_3O^+$$

正、负离子在电场中分别向收集阳极和阴极移动，产生微弱电流，即响应信号，经放大器放大后，传送至色谱工作站。

三、实验仪器和试剂

1. 仪器

气相色谱仪(配氢火焰离子化检测器)，微量注射器，5 mL、10 mL 移液管，100 mL 容量瓶。

2. 试剂

无水乙醇(分析纯)，无水丙醇(分析纯，内标物)，酊剂(大黄酊)样品。

四、实验步骤

1. 溶液配制

1) 标准溶液的配制

依次移取 5.00 mL 无水乙醇和 5.00 mL 无水丙醇至 100 mL 容量瓶中，加水稀释至刻度，摇匀。

2) 试样溶液的配制

依次移取 10.00 mL 酊剂样品和 5.00 mL 无水丙醇至 100 mL 容量瓶中，加水稀释至刻度，摇匀。

2. 测定

将柱温、进样器温度和检测器温度分别设置为 90℃、140℃和 120℃，当柱温、进样器温度和检测器温度达到设定值后，点燃氢火焰。标准溶液与试样溶液分别进样 0.5 μL，记录色谱图。

五、数据处理

将色谱图中有关数据填入表 5-1，并计算试样中乙醇的体积分数。

$$c_{\text{乙醇}}/\% = \frac{(A_{\text{乙醇}}/A_{\text{丙醇}})_{\text{试样}} \times 10}{(A_{\text{乙醇}}/A_{\text{丙醇}})_{\text{标准}}} \times 5.00\%$$

表 5-1　色谱实验数据

样品	组分名称	t_R/min	A	$A_{\text{乙醇}}/A_{\text{丙醇}}$	$c_{\text{乙醇}}$/%
标准溶液	乙醇				
	丙醇				
试样溶液	乙醇				
	丙醇				

六、注意事项

(1) 采用内标对比法定量时，应先考察内标标准曲线(以标准曲线中组分与内标峰响应值之比为纵坐标，标准溶液浓度为横坐标作图) 的线性关系及范围，若已知标准曲线通过原点且测定浓度在其线性范围内，再采用内标对比法定量；同时，用于对比的标准溶液浓度与试样溶液中待测组分浓度尽量接近，这样可以提高测定准确度。

(2) 氢火焰离子化检测器属于质量型检测器，其响应值(峰高 h) 取决于单位时间内引入检测器的组分质量。当进样量一定时，峰面积与载气流速无关，但峰高与载气流速成正比，因此当用峰高定量时，需保持载气流速稳定。但在内标法中由于所测参数为组分峰响应值之比(相对响应值)，所以以峰高定量时，载气流速变化对测定结果的影响较小。

七、问题讨论

(1) 氢火焰离子化检测器的主要特点是什么？本实验为什么要选择氢火焰离子化检测器？

(2) 色谱内标法有哪些优点？在什么情况下采用内标法较为方便？

(3) 在什么情况下可采用已知浓度样品对照法？内标法定量时，进样是否要十分准确？

实验 48　气相色谱法测定无水乙醇中微量水的含量

一、实验目的

(1) 学习乙醇中微量水的气相色谱分析方法。

(2) 了解热导检测器的结构。

(3) 掌握热导检测器的工作原理。

二、方法原理

高分子多孔微球是人工合成的有机固定相，其表面无亲水基团，对氢键型化合物(如水、醇等)的亲和力很弱，出峰顺序主要取决于相对分子质量的大小，因此特别适用于有机化工产品中微量水的分离分析。

热导检测器用于检测水峰。热导检测器是根据组分和载气的导热系数的差异，改变惠斯通电桥的平衡状态进行检测的。热导池电桥线路如图 5-3 所示。

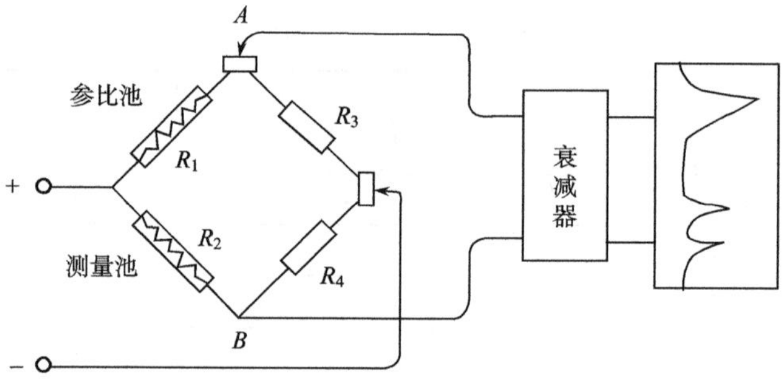

图 5-3　热导池电桥线路

热导检测器参比池只有纯载气通过，色谱柱分离后的试样气流则跟随载气通过测量池。当参比池和测量池只有纯载气通过时，惠斯通电桥处于平衡状态，记录仪上记录的是一条直线，即基线。当样品跟随载气进入测量池时，由于二元混合气体的导热系数不同于纯载气的导热系数，故引起测量池中热敏电阻丝上的温度发生变化，其阻值也随之改变，此时破坏了电桥的平衡，记录仪上出现色谱峰。

采用外标峰高法对乙醇中的微量水进行定量分析。

三、实验仪器和试剂

1. 仪器

气相色谱仪(配热导检测器)，40～60 目或 60～80 目高分子多孔微球色谱柱，氢气钢瓶，微量注射器。

2. 试剂

乙醇，水。

四、实验步骤

1. 标准水样的配制

估计被分析样品的大致含水量。在配有翻口胶塞的锥形瓶中加入预先准备好的无水乙醇，用称量法配制一个在数量级上与被分析样品含量相近的标准水样。

2. 色谱仪的调节

逆时针旋转打开载气钢瓶总阀，顺时针缓慢转动减压阀至达到合适的压力。打开气相色谱仪电源开关，选择合适的进样器、色谱柱和检测器的温度进行设置，并开启加热开关。待进样器、色谱柱和检测器的温度达到设定值后，打开热导桥流。

3. 色谱定性分析

用微量注射器分别吸取适量标准水样进样，绘制色谱图，记录保留时间。

4. 校正和测定

1) 校正

在给定的色谱条件下，用标准水样进行外标校正，连续注射两次以上，从色谱图上读取水峰的峰高。

2) 试样测定

在与标准水样完全相同的操作条件下，用微量注射器吸取适量待测试样进样，读取水峰的峰高。

五、数据处理

根据下式计算试样中水的质量分数：

$$m = \frac{V_s \rho_s h m_s}{V \rho h_s}$$

式中：V 为被测样品进样量(μL)；ρ 为被测样品密度(g/cm^3)；h 为被测样品水峰高(mm)；m_s 为标准水样中水的质量分数；V_s 为标准水样进样量(μL)；ρ_s 为乙醇密度(g/cm^3)；h_s 为标准水样水峰高(mm)。

六、注意事项

(1) 先通载气，确保载气通过热导检测器后，再打开热导桥流。

(2) 当使用双气路色谱仪时，两路的载气流速应保持一致。

七、问题讨论

(1)根据出峰顺序说明高分子多孔微球为什么特别适合有机物中痕量水的分析。

(2)能否使用氢火焰离子化检测器检测水?

实验 49　蔬菜中有机磷农药残留的气相色谱分析

一、实验目的

(1)学习有机磷农药的气相色谱分析方法。

(2)学习有机磷农药的气相色谱分析前的样品处理方法。

(3)掌握火焰光度检测器的工作原理。

二、方法原理

有机磷农药(OPPs)是一类广谱高效化学杀虫剂，其产品品种繁多、易降解、价格低廉，在蔬菜的生产过程中被广泛应用。但是有机磷农药中有不少品种毒性较强，其残留对人类健康造成较大危害，近年来我国发生的农药中毒大多数集中在OPPs。蔬菜的生长期短，OPPs残留超标现象尤为突出。

敌敌畏、甲拌磷等有机磷农药挥发性强且对火焰光度检测器响应灵敏，因此通常采用气相色谱法进行分析测定。火焰光度检测器主要由火焰发光和光电转换系统两部分组成，其结构如图5-4所示。在火焰发光部分，空气和过量的氢气混合后点燃产生富氢焰，气相色谱柱流出物和空气混合后从中心孔进入火焰，其中的有机磷农药在火焰中分解，形成激发态的HPO^*，它回到基态时发射出480～580 nm的光，最大发射波长为526 nm。在光电信号部分，526 nm的滤光片可让磷的最大发射光透过而滤去其他本底发射，透过光由光电倍增管接收，转换成电信号，经微电流放大器放大后，输送至记录器。将试样的峰面积或峰高与标准品的峰面积或峰高进行比较定量。

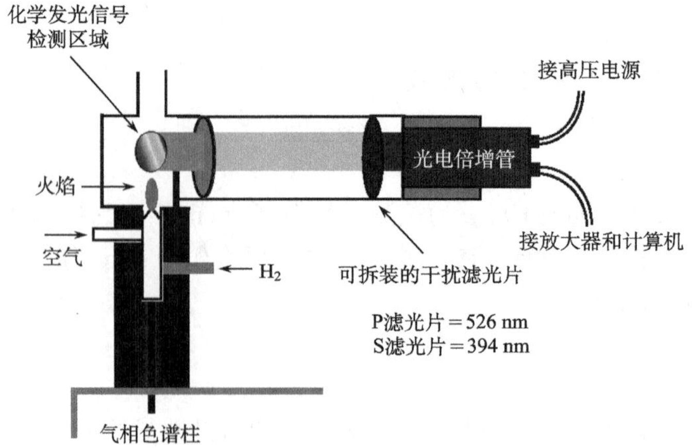

图5-4　火焰光度检测器结构示意图

三、实验仪器和试剂

1. 仪器

气相色谱仪（配火焰光度检测器），DB-1701 毛细管色谱柱（30 m×320 μm，0.25 μm），氮气钢瓶，氢气发生器，空气泵，微量注射器，组织捣碎机，布氏漏斗，分液漏斗，烧杯，容量瓶。

2. 试剂

敌敌畏，敌百虫，甲胺磷，甲拌磷，对硫磷，甲基对硫磷，氧化乐果，乐果，毒死蜱，乙酰甲胺磷，三唑磷，磷胺，久效磷，乙腈，丙酮，氯化钠，二氯甲烷，无水硫酸钠。

四、实验步骤

1. 样品处理

1）提取

称取 50.00 g 试样，置于 250 mL 烧杯中，加入 50 mL 水、100 mL 丙酮，用组织捣碎机匀浆 1～2 min。匀浆液经铺有 2 层滤纸和约 10 g Celite545 硅藻土的布氏漏斗减压抽滤。取滤液于 100～500 mL 分液漏斗中。

2）净化

将 10～15 g 氯化钠加至上述含有滤液的分液漏斗中，使氯化钠处于饱和状态，猛烈振摇 2～3 min，静置 10 min。待水相与丙酮相分层后，水相用 50 mL 二氯甲烷振摇 2 min，再静置分层。

将丙酮和二氯甲烷提取液合并，转移至含有 20～30 g 无水硫酸钠的玻璃漏斗中，脱水后滤入 250 mL 圆底烧瓶中。用 40 mL 二氯甲烷分数次洗涤无水硫酸钠和容器，洗涤液也转移至上述圆底烧瓶中。用旋转蒸发仪将圆底烧瓶中的溶液浓缩至约 2 mL，然后转移至 5～25 mL 容量瓶中，用二氯甲烷定容。

2. 气相色谱测定

逆时针旋转打开载气钢瓶总阀，顺时针缓慢转动减压阀至达到合适的压力。打开气相色谱仪电源开关，将进样器、色谱柱和检测器的温度分别设置为 260℃、240℃和 270℃，并开启加热开关。待进样器、色谱柱和检测器的温度达到设定值后，打开氢气发生器和空气泵，点火。

用微量注射器吸取 2～5 μL 混合标准溶液和试样净化液注入色谱仪中，绘制色谱图，用保留时间定性，试样的峰高或峰面积与标准比较定量。

五、数据处理

根据下式计算有机磷农药的含量：

$$x_i(\text{mg/kg}) = \frac{A_i V_1 V_3 E_s \times 1000}{A_s V_2 V_4 m}$$

式中：x_i为组分i的含量；A_i为试样中组分i的峰面积；A_s为混合标准溶液中组分i的峰面积；V_1为试样提取液的总体积(mL)；V_2为净化用提取液的总体积(mL)；V_3为浓缩后的定容体积(mL)；V_4为进样体积(μL)；E_s为注入色谱仪中的标准组分i的质量(ng)；m为试样质量(g)。

六、注意事项

不仅有机磷化合物能在富氢焰中发光，烃类和有机硫化合物也能在氢焰中分解，发出特征光。烃类主要在火焰底部的富氧焰中发光，在火焰底部加一个不透明的遮光罩，可挡住烃类光，提高检测器的选择性。含硫化合物发射的光波长范围为320～480 nm，选择合适的滤光片可消除其对有机磷化合物检测的干扰。

七、问题讨论

若要采用火焰光度检测器测定含硫化合物，应选择什么波长的滤光片消除本底发射产生的干扰？

实验50　气相色谱的内标法测定酒中乙醇的含量

一、实验目的

(1)了解酒中的主要化学成分和乙醇含量的检测方法。

(2)学习气相色谱的内标法基本原理和实验方法。

(3)练习气相色谱仪的基本操作。

二、方法原理

酒中乙醇含量是其质量控制的重要指标之一。酒样品组成复杂，进行乙醇含量分析时，基质干扰多，会影响分析结果的准确度。

气相色谱法是分析检测酒中乙醇含量的实用方法，也是国家标准检测方法。该方法是将样品在进样口通过加热而高温气化，再由载气以一定的流速引入色谱分离柱，样品中的不同化合物因为分子结构不同而在固定相中的保留能力不同，保留能力弱的化合物先由流动相带入柱后检测器，产生组分的信号，而保留能力强的化合物较晚流出色谱柱，较晚出现信号，如此获得样品中各种组分的色谱峰，即色谱图。与标准品对照，根据出峰时间进行定性分析，根据色谱峰面积进行定量分析，从而实现复杂样品的分离和检测。

色谱法定量的依据是色谱峰面积或峰高与其进样量成正比：

$$w = fA \quad \text{或} \quad w = fh$$

式中：w为被测物的进样量；f为绝对校正因子；A为出峰的峰面积；h为出峰的峰高。

绝对校正因子f受仪器和操作条件的影响很大，应用受到限制。在实际定量分析中，通常采用相对校正因子f'进行内标法分析，也就是一种相对强度定量分析方法，是在样品溶液中添加一定量的内标物，根据被测物和内标物出峰的峰面积和内标物的添加量可以计算样品中被测物的含量。相对校正因子不受实验条件的影响，只与检测器类型有关，所以该方法可以有效克服仪器因素及操作条件的影响，提高分析结果的准确度。

被测物的相对校正因子 f' 为组分 i 与内标物 s 的绝对校正因子之比：

$$f' = \frac{f_i}{f_s} = \frac{A_s w_i}{A_i w_s}$$

被测物含量为

$$P_i = \frac{m_i}{m} \times 100\% = \frac{A_i f_i}{A_s} \times \frac{m_s}{m} \times 100\%$$

内标法提高分析结果准确度的关键是选择合适的内标物，一般选择内标物的依据如下：

(1) 内标物和被测物的结构、理化性质相似。

(2) 内标物能够与被测物色谱分离，而且保留时间相近。

(3) 样品中不存在内标物，而是人为添加的标准物质，并且添加量和被测物含量相近。

(4) 内标物与样品不发生化学反应，独立出峰。

(5) 内标物性质稳定，容易获得。

三、实验仪器和试剂

1. 仪器

气相色谱仪(配氢火焰离子化检测器)，SE-30(30 m×0 .32 mm，0.25 μm) 石英毛细管柱或苯系物分离柱，微量注射器。

2. 试剂

无水乙醇、无水正丙醇和丙酮均为分析纯，市售白酒。

四、实验步骤

1. 标准溶液的配制

用吸量管准确吸取 1.00 mL 无水乙醇和 1.00 mL 无水正丙醇，用丙酮稀释定容于 25 mL 容量瓶中，摇匀备用。

2. 相对校正因子的测定

按仪器操作规程进行开机，并设置仪器分析条件：进样口温度为 200℃，检测器温度为 150℃，柱温为 70℃，氮气作载气的流量为 30 mL/min，空气流量为 400 mL/min，氢气流量为 40 mL/min。待温度和流量稳定后，用微量注射器吸取 0.5 μL 标准溶液进样分析，记录乙醇和正丙醇的色谱峰保留时间和峰面积，重复 3 次测定。

3. 样品的配制与测定

用吸量管分别准确吸取 2.00 mL 白酒样品和 1.00 mL 无水正丙醇，用丙酮稀释定容至 25 mL 容量瓶中，摇匀。

与标准溶液测定方法一样，用微量注射器吸取 0.5 μL 白酒样品溶液进样分析，观察样品出峰情况，记录乙醇和正丙醇的出峰时间和面积，进行定性和定量分析。重复 3 次测定。

五、数据处理

(1) 根据出峰规律判断标准溶液中乙醇和正丙醇的色谱保留时间，根据乙醇和正丙醇的峰面积计算相对校正因子。

(2) 根据样品中各组分的出峰，对照标准溶液中乙醇和正丙醇的保留时间，进行白酒样品中乙醇的定性分析；根据该组分的色谱峰面积和相对校正因子，计算白酒样品中乙醇的含量。

六、注意事项

(1) 开机后设置仪器测试条件，要待进样口、色谱柱和检测器温度稳定后，才可以进行检测器的点火，而且基线稳定后才可以进样分析。

(2) 关机时，一定要待各部件温度降低到指定值，才可以关闭载气，最后关机。

七、问题讨论

(1) 简述内标法的原理和特点。

(2) 查阅文献，阐述白酒的质量标准中的主要成分及含量要求。

实验 51　白酒中香味成分的气相色谱法分析

一、实验目的

(1) 了解白酒的化学成分及气相色谱法在白酒成分分析中的应用。

(2) 学习毛细管气相色谱法的基本原理和应用。

(3) 掌握气相色谱仪的规范操作。

二、方法原理

中国的酒文化源远流长，在各种酒类产品中，白酒一直备受关注。白酒的主要成分是乙醇和水，约占白酒的 98%，而酿酒过程中保留或产生的酸类、醇类、酯类和醛类微量组分是白酒中的主要香味成分，决定白酒的品味、香型和质量。

气相色谱法是酒类样品分析的重要方法，复杂的白酒成分在色谱柱中进行多次分配和洗脱，能够有效分离，分别在检测器中产生信号，实现各组分的定性和定量分析。

本实验利用气相色谱法对白酒中几种典型香味化合物正丙醇、正丁醇、异丁醇、仲丁醇、异戊醇、正己醇、乙酸乙酯、丁酸乙酯、乳酸乙酯、己酸乙酯和乙醛进行定性和内标法定量分析。选择乙酸异戊酯为内标物，以内标法进行定量分析，分析方法简便快速，分析结果的准确度高、重现性好。

三、实验仪器和试剂

1. 仪器

气相色谱仪(配氢火焰离子化检测器)，2 m 邻苯二甲酸二壬酯固定相白酒分析柱 DNP，微量注射器。

2. 试剂

甲醇、正丙醇、正丁醇、异丁醇、仲丁醇、异戊醇、正己醇、乙酸乙酯、丁酸乙酯、乙酸异戊酯、乳酸乙酯、己酸乙酯和乙醛均为色谱纯。

四、实验步骤

1. 标准溶液的配制及校正因子的测定

以色谱纯甲醇配制正丙醇、正丁醇、异丁醇、仲丁醇、异戊醇、正己醇、乙酸乙酯、丁酸乙酯、乳酸乙酯、己酸乙酯和乙醛溶液及混合标准溶液，以乙酸异戊酯为内标物进行加标。

按照仪器操作规程，开机并设定仪器测试参数：进样口温度为 145℃；色谱柱温度为 105℃；检测器温度为 140℃。待温度稳定后，检测器点火，待基线稳定后，对标准溶液和混合标准溶液分别进样 1.0 μL，记录各组分的保留时间和峰面积。

2. 白酒样品的准备及测试

取适量白酒样品，加固定量的内标物，稀释定容，如标准溶液测定方法进行测定，记录各组分的峰面积。

3. 关机

按照仪器操作规程，首先降低进样口、色谱柱和检测器温度至设定值，关闭载气，关机、关闭计算机。

五、数据处理

(1) 对照标准溶液的出峰保留时间，对样品中各成分进行定性分析。
(2) 根据混合标准溶液中各组分和内标物的峰面积进行相对校正因子的计算。
(3) 根据样品中各组分和内标物的峰面积进行各组分含量计算。

六、注意事项

(1) 添加内标物时，要保证标准溶液的添加浓度与样品溶液的添加浓度一致。

(2)配制各组分标准溶液时，要与样品溶液中含量相当。

七、问题讨论

(1)能否采用归一化法测定白酒中的香味成分？为什么？

(2)什么情况下采取程序升温分离？

附：气相色谱仪

气相色谱法(gas chromatography，GC)是一种极有效的分离分析方法，其分析对象是气体和可挥发的物质。气相色谱以气体作流动相输送样品。首先，气化的样品被流动相携带至色谱柱，与固定相发生作用导致不同组分差速迁移，从而实现分离。然后，分离的各组分随流动相迁移至检测器，依次产生色谱峰信号。根据色谱峰的保留时间和峰高或峰面积的大小，获取被分离组分的定性与定量信息。

1. 气相色谱仪的基本构成

气相色谱仪主要由载气系统、进样系统、分离系统、检测系统和温控系统组成，其结构如图 5-5 所示。

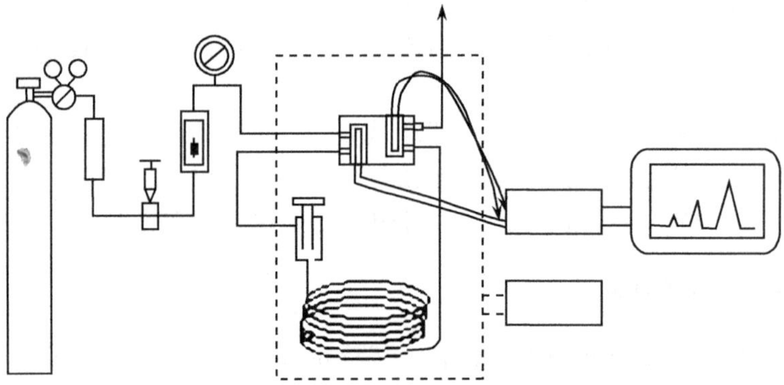

图 5-5　气相色谱仪的基本结构

1)载气系统

载气构成气相色谱的重要一相，即流动相。样品分子需要载气将其输送至色谱柱中进行分离，再输送至检测器进行检测。

载气系统的作用是提供纯净、流速稳定的载气。载气系统包括气源、净化干燥管、载气流速控制装置三部分。气源通常是高压气体钢瓶。只要没有腐蚀性，并且不与固定相及样品分子发生化学反应或相互作用、不损害仪器元件的气体，原则上都可作为载气。常用的载气包括氢气、氦气、氮气及氩气。来自高压钢瓶的载气一般需要经过净化处理后才能进入色谱柱。净化干燥管中填充的活性炭、105 催化剂、硅胶和分子筛等固体吸附剂用来除去载气中的烃类杂质、氧气和水分。载气流速的变化不仅会改变色谱峰的扩张行为、组分的保留时间，还会影响检测器的灵敏度、噪声及漂移，从而对定性、定量分析结果产生不确定的影响。载气流速依靠稳压阀和稳流阀控制。

2) 进样系统

进样系统包括进样器和气化室，见图 5-6。

常用的进样器有注射器和六通阀。液体样品一般用微量注射器进样，气体样品常用六通阀进样。气化室的作用是使液体样品在进入色谱柱前瞬间气化，并将气化的样品快速定量导入色谱柱中。

3) 分离系统

分离系统即色谱柱，是气相色谱仪的核心部件，内含固定相，样品中各组分的分离在其中完成。色谱柱有填充柱和毛细管柱两类，见图 5-7，其特点比较见表 5-2。

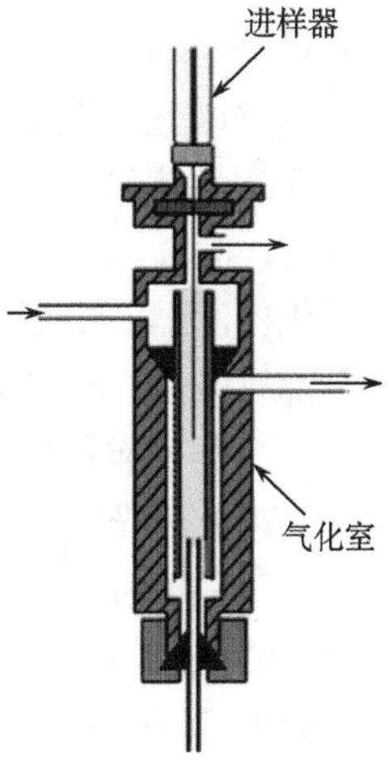

图 5-6　进样系统示意图

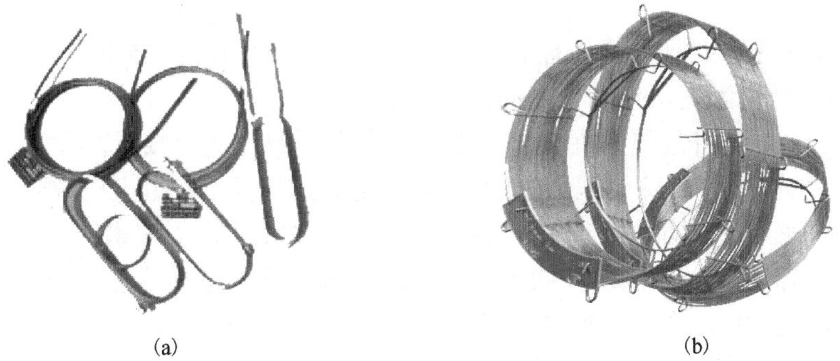

图 5-7　填充柱 (a) 和毛细管柱 (b)

表 5-2　填充柱与毛细管柱的尺寸规格及性能

色谱柱	填充柱	毛细管柱
柱内径	2～6 mm	0.1～0.5 mm
柱长度	0.5～10 m	10～150 m
总塔板数	约 10^3	约 10^6
样品容量	10～1000	0.1～50

填充柱由柱管和装填在其中的固定相组成，其内径较大、柱长较短。优点是结构简单，可以根据实际需要装填固定相，但由于柱长较短，总塔板数小，只适合分离组成不太复杂的混合物样品。

毛细管柱也称为开管柱，一般柱内没有填料，固定相沉积或涂于内壁，体系的阻力大大降低，因此柱子可以做得很长。由于柱子很长，总塔板数大，柱效高，适合分离组成复杂的混合物样品。

4）检测系统

气相色谱仪普遍采用微分型检测器，其作用是将色谱柱分离后顺序流出的化学组分的信息转变为易测量记录的峰形信号。峰面积或峰高与组分的浓度或质量流速成正比，用于定量分析，而峰的保留值则用于定性鉴定。气相色谱仪常用的检测器有热导检测器、氢火焰离子化检测器、电子捕获检测器、火焰光度检测器和质谱检测器。热导检测器几乎对所有物质都有响应，氢火焰离子化检测器只能检测在氢火焰中能燃烧产生大量碳正离子的有机化合物，电子捕获检测器适合分析含电负性强的卤素、酯、羟基及过氧化物官能团的有机化合物，火焰光度检测器主要用于含硫和含磷化合物的检测。这四种检测器均只能根据物质特征性弱的保留值进行组分鉴定，对未知化合物的定性能力较差。质谱检测器不仅能测量组分的保留时间，还能提供物质的特征质谱，具有很强的未知化合物鉴定能力。

5）温控系统

温控系统用来设定、测量、控制色谱柱温箱、气化室和检测器的温度。

2. 气相色谱仪的基本操作

气相色谱仪规格型号多样，硬件和软件操作不尽相同，但操作步骤相似。下面以GC5400 气相色谱仪为例，介绍仪器的操作步骤。

（1）逆时针旋转打开载气钢瓶总阀，顺时针缓慢转动减压阀至减压表压力约为 0.3 MPa。

（2）待载气柱前压力（柱前压力 B）上升并稳定后，打开 GC 主机电源开关。

（3）当 GC 面板上显示主菜单后，依次按“1”、“2”、“编辑”、“120”、“确认” 设定进样器温度，再依次按向下、向右箭头键，打开进样器加热开关。

（4）按 F4 回到主菜单，依次按“2”、“编辑”、 “100”、“确认” 设定柱温，再依次按向下、向右箭头键，打开柱箱加热控制开关。

（5）按 F4 回到主菜单，依次按“3”、“1”、“编辑”、“120”、“确认” 设定检测器温度，再依次按向下、向右箭头键，打开前检测器加热控制开关。

（6）按 F4 回到主菜单，再按“4”显示常规信息。

（7）打开空气泵排水阀，稍等片刻，再将其关闭。打开空气泵电源开关。

（8）打开氢气发生器电源开关。

（9）当氢气发生器流量显示为“0”，进样器、柱箱及检测器温度达到设定值后，按 F4 回到主菜单，依次按“3”、“1”、 向下、向右箭头键，打开 A 路点火开关点火。

（10）打开计算机，点击桌面“online.exe”（或“N2000 在线工作站”），输入账号和密码，选择通道 1，点击“OK”，进入色谱工作站。

（11）点击“数据采集”进入数据采集窗口，点击“查看基线”，待基线平稳后，点击“零点校正”，再次点击“查看基线”。

（12）用微量注射器吸取适量样品从“后进样器 A”进样后，立即点击“采集数据”。待数据采集完成后，保存文件。

（13）待所有样品完成测定后，点击“offline.exe”（或“N2000 离线工作站”），打开样品文件，读取“保留时间”、“峰面积”等数据。

（14）实验结束后，关闭空气泵及氢气发生器电源。

(15) 按 GC 面板上 F4 键回到主菜单，按“4” 显示常规信息，按 F2 键，关闭所有加热控制器。

(16) 待检测器、进样器温度降至 100℃以下，柱温降至 40℃以下后，关闭 GC 主机电源。

(17) 顺时针关闭载气总阀，待总表压力降至 0 后，逆时针放松减压阀。

(18) 退出色谱工作站，关闭计算机。

3. 气相色谱仪的日常保养和注意事项

1) 钢瓶和减压阀的使用及注意事项

钢瓶必须远离热源，避免暴晒及强烈震动。钢瓶上的压力表要专用，减压阀与钢瓶配套使用，安装时需小心上紧螺扣。开启气源时，先逆时针开启钢瓶阀门，然后顺时针缓慢压紧调节螺杆开启减压阀。关闭气源时，先依次关闭减压阀及钢瓶阀门，再开启减压阀，排出减压阀内气体，最后松开调节螺杆。

2) 氢气发生器的使用及注意事项

打开电源开关观察“流量”和“输出压力”，几分钟后，“输出压力”达到 0.4 MPa，此时流量显示为“000”，表明气路密封良好，可以使用。电解液接近液位下限时，应及时补充蒸馏水，但不要超过液位上限；电解质使用半年后需重新配制。任何时候不可突然放气，以免在气路中产生负压冲击损坏元件。实验结束关闭发生器电源，氢气停止产生。

3) 无油空气泵的使用及注意事项

接通电源，空气泵启动 4～5 min 后进入压力控制范围，此时根据需要调节输出压力，但不得超过 0.45 MPa。使用完毕后关闭电源，空气泵内的空气自然排放干净。经常排除储气罐中的积水和污垢，保持输出空气的清洁度。变色硅胶由蓝色变为粉红色或白色时应更换。活性炭在仪器工作 1000 h 后应予以更换。

4) 热导检测器的使用及注意事项

开启热导电源前，必须先通载气。实验结束时，把桥电流调到最小值，再关闭热导电源，最后关闭载气。更换气化室密封垫片时，应将热导电源关闭。桥电流不得超过允许值。

5) 氢火焰离子化检测器的使用及注意事项

通氢气后，待管道中残余气体排出后，应及时点火，并保证火焰是点着的。实验结束后，先关闭氢气，再关闭载气。

5.2　高效液相色谱法

实验 52　高效液相色谱柱效能的评价

一、实验目的

(1) 了解高效液相色谱法的基本原理及色谱柱效能的评价方法。

(2) 熟悉高效液相色谱仪的基本构成及规范操作。

二、方法原理

与气相色谱法相比，高效液相色谱法(high performance liquid chromatography, HPLC)也是一种高灵敏度、高分离效能、高选择性和快速、实用的现代分离分析方法。而且，HPLC 应用范围更广，特别适合于沸点高、难挥发和热稳定性差的化合物分析，通过调节 HPLC 流动相的组成可以有效改善分离，提高方法的选择性。

色谱柱的分离效能可以定量地用塔板数 n 评价：

$$n = 5.54\left(\frac{t_r}{W_{1/2}}\right)^2 = 16\left(\frac{t_r}{W}\right)^2$$

影响液相色谱柱效能的因素很多，如柱内填料均匀度、粒径大小、流动相组成和流速等，此外还有其他因素，如死体积、柱寿命等。

三、实验仪器和试剂

1. 仪器

高效液相色谱仪(配紫外检测器)，色谱柱(250 mm × 4.6 mm，5 μm，C_{18}柱)，100 μL 平头微量注射器，超声波清洗仪，分析天平，超纯水仪，流动相过滤装置及水系和有机系流动相滤膜(0.22 μm)，循环水泵，针头滤膜(0.22 μm，有机系)，1 mL 移液枪。

流动相组成为甲醇∶水=83∶17(体积比，使用前超声脱气 20 min)；流速为 0.5 mL /min；检测波长为 254 nm；柱温为 30℃；进样量为 20 μL。

2. 试剂

甲苯，萘，联苯，正己烷(分析纯)，甲醇(色谱纯)。

标准储备液(1.0 mg/mL)：分别准确称取 0.010 00 g 甲苯、萘、联苯，用正己烷溶解定容于 10 mL 容量瓶中，备用。

四、实验步骤

(1) 混合标准溶液的配制(10 μg/mL)：分别取 0.1 mL 1.0 mg/mL 甲苯、萘和联苯标准储备液于 10 mL 容量瓶中，用正己烷稀释至刻度，摇匀。

(2) 按给定色谱条件设置分离条件，如波长、温度、流速和流动相组成等，平衡色谱仪，待基线平稳后，将仪器调节至进样状态，等待进样分析。

(3) 按操作规程，对混合标准溶液进行色谱分析，获得各组分的保留时间、峰底宽和半峰宽等。

(4) 实验结束，清洗色谱系统，按操作规程关机。

五、数据处理

依据获得各组分的保留时间、峰底宽或半峰宽等，计算各自对应的理论塔板数。

六、注意事项

(1) 苯、萘和联苯都具有较大的毒性，甲醇也具有一定的毒性，所以在实验过程中应小心，不要接触到这些试剂，还要防止泼洒等。

(2) 流动相组成和流速直接影响分离度，所以按照给定的实验条件进行色谱分析。

(3) 流动相要脱气和过膜，进样前的样品也要过膜，避免颗粒进入 HPLC 系统。

(4) 微量注射器要用待装溶液润洗，进样前要排除气泡。

(5) 实验结束时，色谱系统要保持在纯甲醇中。

七、问题讨论

(1) 为什么本色谱分离中，出峰顺序为甲苯、萘和联苯？用什么方法验证这个出峰顺序？

(2) 实验计算出的各组分的理论塔板数数据大小的含义是什么？

(3) 解释本实验中选择 254 nm 为检测波长的理由。

(4) 简要说明如何保护色谱柱以延长柱子的使用寿命。

实验 53　高效液相色谱法测定饮料中的咖啡因

一、实验目的

(1) 学习高效液相色谱法分离饮料中咖啡因的原理。

(2) 熟悉高效液相色谱仪的基本构成。

(3) 练习高效液相色谱仪的基本操作。

(4) 掌握高效液相色谱法定性及定量分析的基本方法。

二、方法原理

咖啡因又称咖啡碱，属于黄嘌呤衍生物，化学名为 1,3,7-三甲基黄嘌呤，是从茶叶或咖啡中提取的一种生物碱。它能兴奋大脑皮层，使人精神亢奋，但有成瘾性，所以饮料中咖啡因含量有食品卫生标准限量，如美国和加拿大等国家规定饮料中的咖啡因含量不得超过 150 mg/kg。

咖啡中含咖啡因 1.2%～1.8%，茶叶中含 2.0%～4.7%，可乐饮料和复方阿司匹林(APC)药片中均含有咖啡因。其分子式为 $C_8H_{10}O_2N_4$，结构式见图 5-8。

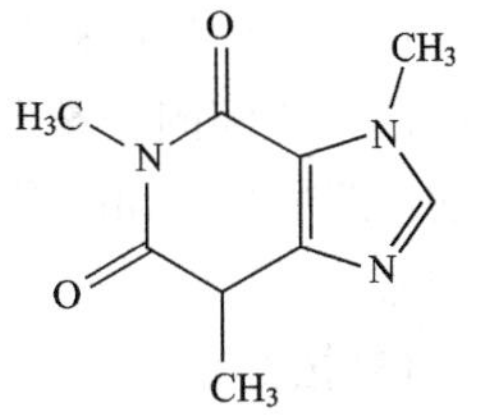

图 5-8　咖啡因的分子结构式

咖啡因的传统定量分析方法是萃取分光光度法。该方法需要复杂的样品前处理过程，步骤烦琐且耗时。

在高效液相色谱法中，当流动相组成、流速及柱温、检测波长等色谱分离条件一定时，同样的化合物在色谱图上的保留时间 t_r 一定，由此进行定性分析。而峰面积的大小是定量分析的依据。测定饮料样品中咖啡因的峰面积，可以用标准曲线法测定饮料中咖啡因的含量。在咖啡因与饮料中的其他组分(如单宁酸、咖啡酸、蔗糖等)分离的条件下，将不同浓度的咖啡因标准溶液分别进样，获得咖啡因浓度与峰面积之间的线性关系(外标法)，再将饮料样品进样分析，计算出饮料中咖啡因含量。

固相萃取(solid phase extraction, SPE)是一种通过液固分配而实现分离的萃取新方法，固相萃取小柱中的吸附剂对分析物具有较强的吸附力，而样品中其他成分不被吸附或吸附较弱，样品流经小柱后，实现分离。再用合适的洗脱剂将分析物洗脱下来，进行色谱分离分析，提高色谱分析方法的选择性和准确度。

本实验选择 C_{18} 固相萃取小柱分离提取饮料样品中的咖啡因，以反相液相色谱法进行定性和定量分析。

三、实验仪器和试剂

1. 仪器

高效液相色谱仪(配紫外检测器或二极管阵列检测器)，超声波清洗仪，分析天平，超纯水仪，流动相过滤装置及水系和有机系流动相滤膜(0.22 μm)，循环水泵，针头滤膜(0.22 μm，有机系)，1 mL 移液枪，2.5 mL 医用注射器，C_{18} 固相萃取小柱(500 mg/3 mL)，色谱柱(250 mm × 4.6 mm，5 μm，C_{18} 柱)，100 μL 平头微量注射器。

流动相组成为甲醇:水=60:40(体积比，使用前超声脱气 20 min)；流速为 1.0 mL/min；检测波长为 272 nm；柱温为 30℃；进样量为 20 μL。

2. 试剂

甲醇(色谱纯)，咖啡因，饮料(市售红茶或绿茶饮料)。

咖啡因标准储备液(1.0 mg/mL)：将咖啡因在 110℃下烘干 1 h，准确称取 0.1000 g 咖啡因，用超纯水溶解，定量转移至 100 mL 容量瓶中，用超纯水稀释至刻度，摇匀备用。

四、实验步骤

(1) 标准溶液的配制(20 μg/mL、40 μg/mL、60 μg/mL、80 μg/mL、100 μg/mL)：分别取 1 mL、2 mL、3 mL、4 mL、5 mL 1.0 mg/mL 咖啡因标准储备液于 50 mL 容量瓶中，用超纯水稀释至刻度，摇匀。

(2) 饮料样品 SPE 步骤：①用 1 mL 甲醇溶液清洗固相萃取小柱，然后用 2 mL 超纯水活化；②向固相萃取小柱中加入 2 mL 饮料，慢速使样品流出；③用 1 mL 超纯水清洗小柱，然后用 1 mL 甲醇溶液洗脱，收集洗脱液；④用 0.22 μm 针头滤膜过滤洗脱液，收集滤液。

(3) 按给定色谱条件设置分离条件，如波长、温度、流速和流动相组成等，平衡色谱仪，待基线平稳后，将仪器调节至进样状态，等待进样分析。

(4) 按操作规程，首先对标准溶液进行色谱分析，获得保留时间和峰面积，制作标准曲线。

(5) 对饮料样品进行色谱分析，由保留时间进行定性分析，由峰面积进行定量分析。

(6) 实验结束，清洗色谱系统，按操作规程关机。

五、数据处理

(1) 根据标准溶液色谱峰的保留时间进行未知样中咖啡因的定性分析。

(2) 根据标准溶液咖啡因的峰面积和浓度拟合线性曲线，获得线性方程和相关系数。

(3) 由饮料样品中咖啡因的峰面积和标准曲线获得咖啡因的含量，并打印实验图表和分析结果。

六、注意事项

(1) 固相萃取过程中，上样和洗脱均要慢速，使之能够充分吸附和解脱，以保证萃取的回收率。

(2) 流动相组成和流速的调整均要缓慢进行，待基线平稳后才能进样。

(3) 流动相要脱气和过膜，进样前的样品也要过膜，避免颗粒进入 HPLC 系统。

(4) 微量注射器要用待装溶液润洗，进样前要排除气泡。

(5) 可乐等碳酸饮料应超声脱气 10 min，适当稀释后再进行分析测定。

(6) 咖啡样品可以 90℃超纯水溶解(0.04 g，最后定容于 50 mL 容量瓶中)，茶叶样品可以超纯水煮沸 10 min(0.04 g，最后定容于 50 mL 容量瓶中)，冷却后过滤，滤液稀释定容后，过 0.45 μm 滤膜，进行 HPLC 分析。

(7) 实验结束时，色谱系统要保持在纯甲醇中。

七、问题讨论

(1) 标准曲线法和归一化法有什么不同？

(2) 根据咖啡因的分子结构和保留时间说明咖啡因在本色谱柱中是强保留还是弱保留，并解释原因。

(3) 试说明咖啡因能否用离子交换色谱法进行分析。

实验 54　高效液相色谱法分析食品添加剂苯甲酸和山梨酸

一、实验目的

(1) 学习高效液相色谱法分离分析食品防腐剂的意义和方法原理。

(2) 熟悉实际样品的预处理方法。

(3) 掌握高效液相色谱法多组分同时定性及定量分析方法。

二、方法原理

苯甲酸及其盐类能够透过细胞膜进入细胞体内，降低细胞膜的通透性，抑制细胞膜对氨基酸的吸收和细胞的呼吸酶系活性，从而起到防腐作用。山梨酸及其盐类能够抑制微生物的脱氢酶系统，抑制微生物生长而防腐。苯甲酸和山梨酸常被用作食品、饲料和牙膏的防腐剂，在限量范围内低毒无害，但过量摄入则会对人体的肝脏和肾脏等造成损伤。因此，我国《食品安全国家标准　食品添加剂使用标准》(GB 2760—2014)规定，最大使用量分别为：碳酸饮料 0.2 g/kg，低盐酱菜、酱类 0.5 g/kg，酱油、食醋、果汁(味)型饮料 1.0 g/kg 等。

苯甲酸和山梨酸极性较强，可以使用反相液相色谱法进行分离分析。两种化合物在水溶液中容易解离而造成色谱峰拖尾，在流动相中添加酸性改性剂，抑制解离从而改善峰拖尾现象。本实验采用的流动相为甲醇∶0.02 mol/L NH_4Ac 溶液(1∶19，体积比)，流速为 1.0 mL/min，柱温为室温，检测波长为 230 nm。

测定食品样品中的苯甲酸和山梨酸时，可以采用适当加热的方法除去样品中的醇类化合物和二氧化碳等，然后调节样品的酸度为 7 左右，过膜后，HPLC 分离分析。

三、实验仪器和试剂

1. 仪器

高效液相色谱仪(配紫外检测器)，超声波清洗仪，分析天平，超纯水仪，流动相过滤装置及水系和有机系流动相滤膜(0.22 μm)，循环水泵，针头滤膜(0.22 μm，水系)，10 mL、25 mL、100 mL 容量瓶，5 mL、10 mL 移液管，50 mL 烧杯，5.0 mL 医用注射器、色谱柱(250 mm × 4.6 mm，5 μm，C_{18} 柱)，100 μL 平头微量注射器。

2. 试剂

甲醇(色谱纯)，稀氨水(1∶1)，NH_4Ac 溶液(0.02 mol/L)，$NaHCO_3$ 溶液(20 g/L)，超纯水。

苯甲酸和山梨酸标准储备液(1.0 mg/mL)：分别准确称取苯甲酸和山梨酸标准品 0.1000 g，均加入 5 mL $NaHCO_3$ 溶液，加热溶解后，用超纯水稀释定容于 100 mL 容量瓶中。

四、实验步骤

1. 溶液的配制

1) 标准溶液的配制

苯甲酸和山梨酸标准使用液的配制(100 μg/mL)：分别准确移取苯甲酸和山梨酸标准储备液 10.00 mL，用超纯水稀释定容于 100 mL 容量瓶中。

苯甲酸和山梨酸混合标准溶液的配制(10 μg/mL、20 μg/mL、30 μg/mL、40 μg/mL、50 μg/mL)：分别准确移取 0.5 mL、1.0 mL、1.5 mL、2.0 mL 和 2.5 mL 1.0 mg/mL 苯甲酸和山梨酸标准储备液于 50 mL 容量瓶中，用超纯水稀释至刻度，摇匀。

2) 食品样品的制备

准确移取果汁饮料样品 10 mL 于 50 mL 小烧杯中，用稀氨水调节酸度 pH 为 7 左右，定量转移至 25 mL 容量瓶中，用超纯水稀释至刻度，摇匀后，离心，上清液过 0.22 μm 滤膜，待测定。

2. 分析测定

(1) 按给定色谱条件设置分离条件，如波长、温度、流速和流动相组成等，平衡色谱仪，待基线平稳后，将仪器调节至进样状态，等待进样分析。

(2) 按操作规程，首先对标准溶液进行色谱分析，获得保留时间和峰面积，制作标准曲线。每个标准溶液进样 3 次。

(3) 对食品样品进行色谱分析，由保留时间进行定性分析，由峰面积进行定量分析。样品进样 3 次。

(4) 实验结束，清洗色谱系统，按操作规程关机。

五、数据处理

(1) 根据标准溶液色谱峰的保留时间进行食品样品中防腐剂苯甲酸和山梨酸的定性分析。

(2) 根据苯甲酸和山梨酸标准溶液的峰面积和浓度拟合线性曲线，获得线性方程和相关系数。

(3) 由食品样品中苯甲酸和山梨酸的峰面积和标准曲线获得各自的含量，并打印实验图表和分析结果。

六、注意事项

(1) 按照操作规程准备流动相、开机。

(2) 流动相组成和流速的调整均要缓慢进行，待基线平稳后才能进样。

(3) 流动相要脱气和过膜，进样前的样品也要过膜，避免颗粒进入 HPLC 系统。

(4) 微量注射器要用待装溶液润洗，进样前要排除气泡。

(5) 实验结束时，色谱系统要保持在纯甲醇中。

七、问题讨论

(1) 说明流动相中添加 NH_4Ac 的作用。

(2) 解释本色谱分离中苯甲酸和山梨酸出峰先后的原因。

(3) 根据苯甲酸和山梨酸的分子结构，说明能否用气相色谱法测定食品中这两种防腐剂的含量。

实验 55 高效液相色谱法测定化妆品中的雌激素

一、实验目的

(1) 学习高效液相色谱法测定化妆品中雌激素的原理。

(2) 掌握化妆品中雌激素的高效液相色谱实验方法。

(3) 熟悉高效液相色谱仪的基本构成和定性定量方法。

二、方法原理

雌激素能够除皱、增加皮肤弹性而防止皮肤老化或治疗粉刺等，所以常被非法添加到各种化妆品中，而皮肤长期接触含有雌激素的化妆品则会导致色素沉淀、皮肤变薄，甚至致癌等。我国《化妆品安全技术规范》(2015 年版)规定雌激素类为化妆品中的禁用物质，因此需对化妆品中的雌激素含量进行监测。

液相色谱法是分析检测化妆品中雌激素常用的分析方法。本实验用甲醇提取化妆品中常见的雌酮、雌二醇、雌三醇和己烯雌酚等几种雌激素，提取溶液经滤膜过滤后，直接进行液相色谱法测定，用保留时间进行定性分析，用外标法进行定量分析。

三、实验仪器和试剂

1. 仪器

高效液相色谱仪(配紫外检测器)，旋涡仪，超声波清洗仪，高速离心机，分析天平，超纯水仪，流动相过滤装置及水系和有机系流动相滤膜(0.22 μm)，循环水泵，针头滤膜(0.22 μm，有机系)，2.5 mL 医用注射器，色谱柱(250 mm × 4.6 mm，5 μm，C_{18}柱)，100 μL 平头微量注射器，50 mL、100 mL 容量瓶，5 mL 吸量管，10 mL 具塞试管。

流动相组成为甲醇:水=80:20(体积比，使用前超声脱气 20 min)；流速为 1.0 mL/min；检测波长为 254 nm；柱温为 30℃；进样量为 20 μL。

2. 试剂

雌酮、雌二醇、雌三醇和己烯雌酚标准品(优级纯)，甲醇(色谱纯)，化妆品(市售)。

雌酮、雌二醇、雌三醇和己烯雌酚标准储备液(1.0 mg/mL)：分别准确称取雌酮、雌二醇、雌三醇和己烯雌酚 0.1000 g，用少量色谱纯甲醇溶解，定量转移至 100 mL 容量瓶中，用甲醇稀释至刻度，摇匀。

雌酮、雌二醇、雌三醇和己烯雌酚标准使用液(100 μg/mL)：分别准确移取 1.0 mg/mL 雌酮、雌二醇、雌三醇和己烯雌酚标准储备液 5 mL 于 50 mL 容量瓶中，用甲醇稀释至刻度，摇匀。

四、实验步骤

(1) 混合标准溶液的配制(20 μg/mL、40 μg/mL、60 μg/mL、80 μg/mL、100 μg/mL)：分别取 1 mL、2 mL、3 mL、4 mL、5 mL 1.0 mg/mL 雌酮、雌二醇、雌三醇和己烯雌酚标准储备液于 50 mL 容量瓶中，用甲醇稀释至刻度，摇匀。

(2) 化妆品样品的预处理。

膏状和乳状化妆品：准确称取 1 g 化妆品于 10 mL 具塞试管中，用少量甲醇溶解，并稀释定容至 10 mL，旋涡混匀 5 min，超声提取 10 min，4000 r/min 离心 10 min，上清液过 0.22 μm 有机系滤膜，待用。

溶液状化妆品：准确称取 1 g 化妆品于 10 mL 具塞试管中，水浴蒸馏，除去乙醇等挥发性有机溶剂，用甲醇定容，摇匀，上清液过 0.22 μm 有机系滤膜，待用。

(3) 按给定色谱条件设置分离条件，如波长、温度、流速和流动相组成等，平衡色谱仪，待基线平稳后，将仪器调节至进样状态，等待进样分析。

(4) 按操作规程，首先将 100 μg/mL 雌酮、雌二醇、雌三醇和己烯雌酚标准溶液分别进样，进行色谱分析，获得保留时间，作为化妆品中雌激素成分定性分析的依据。再依次按照浓度由低到高的顺序，将雌酮、雌二醇、雌三醇和己烯雌酚混合标准溶液进样测定，获得各标准溶液对应化合物的峰面积，以雌酮、雌二醇、雌三醇和己烯雌酚的浓度为横坐标，对应的峰面积为纵坐标，绘制四种化合物的标准曲线，获得线性回归方程。

(5) 对化妆品样品进行色谱分析，由保留时间进行定性分析，由峰面积进行定量分析。

(6) 实验结束，清洗色谱系统，按操作规程关机。

五、数据处理

(1) 根据各雌激素化合物标准溶液色谱峰的保留时间进行化妆品样品中雌激素成分的定性分析。

(2) 根据雌激素混合标准溶液各组分的峰面积与其对应的浓度拟合线性曲线，获得各雌激素化合物的线性方程和相关系数。

(3) 对化妆品样品中所含有的雌激素进行外标法定量分析，打印实验图表和分析结果，完成实验报告。

六、注意事项

(1) 流动相准备好后，要进行脱气和过膜等处理，才可以进入 HPLC 系统。

(2) 样品提取液要过膜，而且微量注射器要用待装溶液润洗，进样前要排除气泡。

七、问题讨论

(1) 使用六通阀进样器时，实际进入色谱柱中分析的样品体积是如何确定的？

(2) 流动相中甲醇的比例增加，各组分的保留时间如何改变？分离度如何改变？

实验 56　高效液相色谱法测定解热镇痛药中对乙酰氨基酚的含量

一、实验目的

(1) 了解药物的一般知识和液相色谱法在药物分析中的应用。

(2) 学习实际药物样品的预处理方法。

(3) 进一步学习高效液相色谱法的定性及定量分析方法。

二、方法原理

对乙酰氨基酚具有良好的解热镇痛作用，而且胃肠道刺激小。因此，许多不同规格的解热镇痛药物都含有对乙酰氨基酚，如速效感冒胶囊、快克、百服宁、泰诺感冒片、强力银翘片、999 感冒灵等，用于普通感冒或流行性感冒引起的发热，也用于缓解轻至中度疼痛，如头痛、牙痛、肌肉痛和关节痛等。

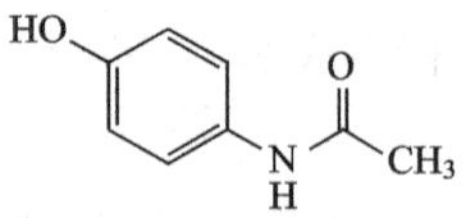

图 5-9　对乙酰氨基酚的分子结构式

在这些药物生产过程中，有可能残留原料和对氨基酚中间体等杂质，造成对乙酰氨基酚检测的干扰。液相色谱法具有很好的分离性能，选择性好，所以药物中对乙酰氨基酚的检测通常采用高效液相色谱法。对乙酰氨基酚在 257 nm 处有最大吸收，其分子结构式见图 5-9，可以用紫外检测器进行检测，从而进行各类药物中对乙酰氨基酚的液相色谱定性和定量分析。

可以用甲醇对药片中的对乙酰氨基酚进行溶解和超声辅助提取，过膜后进行 HPLC 分离分析。

三、实验仪器和试剂

1. 仪器

高效液相色谱仪(配紫外检测器)，超声波清洗仪，分析天平，超纯水仪，流动相过滤装置及水系和有机系流动相滤膜(0.22 μm)，循环水泵，针头滤膜(0.22 μm，水系)，10 mL、50 mL、100 mL 容量瓶，5 mL、10 mL 移液管，5.0 mL 医用注射器，色谱柱(250 mm × 4.6 mm，5 μm，C_{18}柱)，100 μL 平头微量注射器。

2. 试剂

对乙酰氨基酚对照品，甲醇(色谱纯)，磷酸二氢钾(分析纯)，超纯水。

对乙酰氨基酚标准储备液(1.0 mg/mL)：将对乙酰氨基酚对照品于 105℃干燥至恒量，准确称取干燥后的对乙酰氨基酚对照品 100 mg 于 100 mL 容量瓶中，用甲醇溶解定容，摇匀。

四、实验步骤

(1) 对乙酰氨基酚标准溶液的配制：分别准确移取 1.0 mg/mL 对乙酰氨基酚标准储备液 1 mL、2 mL、3 mL、4 mL 和 5 mL 于 10 mL 容量瓶中，用超纯水稀释至刻度，摇匀。

(2) 药品样品溶液的制备：取市售感冒药 10 片，准确称量后，于研钵中研细，准确称取大约相当于 500 mg 对乙酰氨基酚的药品粉末于 100 mL 容量瓶中，加入 25 mL 甲醇，超声提取 10 min，冷却至室温，用去离子水稀释至刻度，摇匀，静置，取 5.0 mL 上清液于 50 mL 容量瓶中，用超纯水稀释至刻度，摇匀待用。

(3) 按给定色谱条件设置分离条件，如波长选择 257 nm，柱温选择 35℃，流动相为甲醇∶(0.05 mol/L)磷酸二氢钾(pH=3.00)(15∶85，体积比)，流速为 1.0 mL/min。平衡色谱柱，待基线平稳后，将仪器调节至进样状态，等待进样分析。

(4) 按操作规程，首先对标准溶液进行色谱分析，获得保留时间和峰面积，制作标准曲线。每个标准溶液进样 3 次。

(5) 对药品样品进行色谱分析，由保留时间进行定性分析，由峰面积进行定量分析。样品进样 3 次。

(6) 实验结束，清洗色谱系统，按操作规程关机。

五、数据处理

(1) 根据标准溶液色谱峰的保留时间进行药品样品中对乙酰氨基酚的定性分析。

(2) 根据对乙酰氨基酚标准溶液的峰面积和浓度拟合线性曲线，获得线性方程和相关系数。

(3) 由药品样品中对乙酰氨基酚的峰面积和标准曲线获得药片中对乙酰氨基酚的含量(mg/g)，并打印实验图表和分析结果。

六、注意事项

(1) 以六通阀进样时，微量注射器中进样溶液的体积应该是定量环的 4～6 倍，以保证进样准确性和重现性。

(2) 流动相要超声脱气和过膜，进样溶液要过膜，而且微量注射器吸取溶液后要排除气泡，方可进样分析。

(3) 流动相流速的升降和组成的改变要逐步进行。

七、问题讨论

(1) 阐述注射器直接进样和六通阀进样的不同。

(2) 定量分析方法中，与其他方法比较，外标法有什么优缺点？

实验 57　高效液相色谱法测定双黄连口服液中绿原酸和黄芩苷的含量

一、实验目的

(1) 了解中药制剂有效成分的分析方法。

(2) 学习液相色谱仪的基本规范操作。

(3) 熟悉液相色谱法的外标法定量分析过程。

(4) 学习液相色谱法的梯度洗脱方式进行多成分同时分析的方法。

二、方法原理

双黄连口服液是由金银花、黄芩和连翘三味中药经提取精制而成，具有清凉解表、清热解毒的功效，主要用于外感风热引起的发热、咳嗽和咽痛，以及病毒性肺炎等。双黄连口服液的主要药效成分是绿原酸和黄芩苷，其分子结构式见图 5-10。为了保证药物的实际药效，《中华人民共和国药典》对其有效成分做了规定和说明。所以，对双黄连口服液的主要活性成分进行检测是药物质量控制和保证药效的关键步骤。

液相色谱法适用于复杂实际样品多组分定性和定量分析。本实验以 C_{18} 材料为固定相，0.1%磷酸溶液和乙腈为流动相，采用梯度洗脱方式对双黄连口服液中的绿原酸和黄芩苷进行分离分析，方法快速准确、灵敏度高、选择性好。

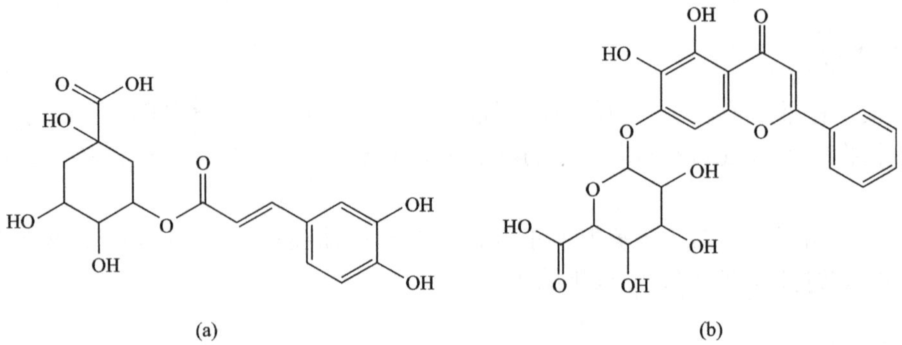

图 5-10　绿原酸(a)和黄芩苷(b)的分子结构式

三、实验仪器和试剂

1. 仪器

高效液相色谱仪(配紫外检测器)，超声波清洗仪，分析天平，超纯水仪，流动相过滤装置及水系和有机系流动相滤膜(0.22 μm)，循环水泵、针头滤膜(0.22 μm，水系)，50 mL 棕色容量瓶，5 mL 移液管，医用注射器 5.0 mL，色谱柱(250 mm × 4.6 mm，5 μm，C_{18}柱)，100 μL 平头微量注射器。

2. 试剂

绿原酸对照品，黄芩苷对照品，甲醇(色谱纯)，磷酸(分析纯)，超纯水，双黄连口服液(市售)。

绿原酸标准储备液(0.2 mg/mL)：准确称取绿原酸对照品，用 50%甲醇溶液溶解定容，摇匀。

黄芩苷标准储备液(0.5 mg/mL)：准确称取黄芩苷对照品，用 50%甲醇溶液溶解定容，摇匀。

四、实验步骤

(1) 标准溶液的配制：分别准确移取绿原酸和黄芩苷标准储备液 0.2 mL、0.4 mL、0.8 mL、1.6 mL、2.0 mL、3.0 mL、4.0 mL、5.0 mL 于 10 mL 棕色容量瓶中，用 50%甲醇溶液稀释至刻度，摇匀。

(2) 药品样品溶液的制备：准确移取双黄连口服液样品 1.0 mL 于 50 mL 棕色容量瓶中，加入适量 50%甲醇溶液超声溶解 20 min，用 50%甲醇溶液稀释至刻度，摇匀。

(3) 按给定色谱条件设置分离条件，如检测波长为 320 nm，柱温为 25℃，流动相为 0.1%磷酸溶液-乙腈，梯度洗脱程序：0 min(88∶12，体积比)，10 min(74∶26，体积比)，流速为 1.0 mL/min。以初始流动相组成平衡色谱柱，待基线平稳后，将仪器调节至进样状态，等待进样分析。

(4) 按操作规程，首先将标准溶液用 0.22 μm 滤膜过滤，再对标准溶液进行色谱分析，获得保留时间和峰面积，制作标准曲线。每个标准溶液进样 3 次。

(5) 将药品样品用 0.22 μm 滤膜过滤，再进行色谱分析，由保留时间进行定性分析，由峰面积进行定量分析。样品进样 3 次。

(6) 实验结束，清洗色谱系统，按操作规程关机。

五、数据处理

(1) 根据标准溶液色谱峰的保留时间进行药品样品中对绿原酸和黄芩苷的定性分析。

(2) 根据绿原酸和黄芩苷标准溶液的峰面积和浓度拟合线性曲线，获得线性方程和相关系数。

(3) 由药品样品中绿原酸和黄芩苷的峰面积和标准曲线获得双黄连口服液中绿原酸和黄芩苷的含量(mg/L)，并打印实验图表和分析结果。

六、注意事项

(1) 为保证标准溶液的有效浓度，绿原酸和黄芩苷的标准储备液要现配现用。

(2) 待基线平稳后才可以进样分析。

七、问题讨论

(1) 查阅文献，说明为什么本实验选择 320 nm 作为检测波长。

(2) 流动相梯度洗脱的目的是什么？有什么优点？主要应用于什么样品分析？

实验 58　高效液相色谱法测定醋酸地塞米松软膏的含量

一、实验目的

(1) 学习药物不同剂型及其样品处理方法。

(2) 练习高效液相色谱仪的基本操作。

(3) 学习反相液相色谱法的基本原理及其应用。

(4) 熟悉高效液相色谱法的内标法分析原理和分析过程。

二、方法原理

高效液相色谱法是以液体为流动相的色谱分离方法，可以分离分析无机物、有机物、小分子化合物和大分子化合物等，应用十分广泛。其中，流动相极性大于固定相极性的高效液相色谱法称为反相液相色谱法，主要适用于中等极性至弱极性化合物的分析，所以在药学、医学、食品、环境和化工等领域得到广泛应用。

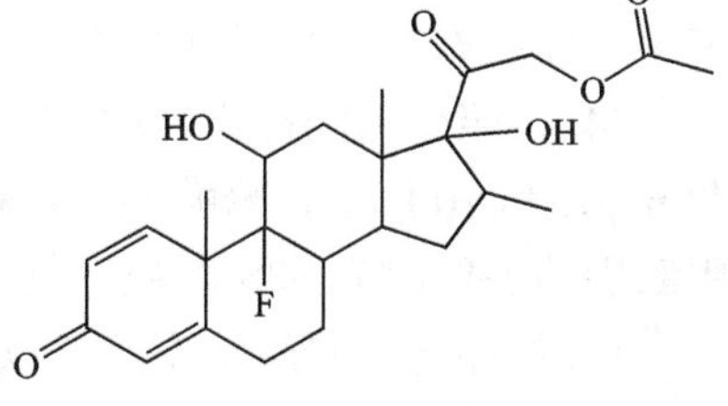

图 5-11　醋酸地塞米松的分子结构式

醋酸地塞米松（其分子结构式见图 5-11）肾上腺皮质激素类药物具有抗炎和抗过敏的药效，因此醋酸地塞米松软膏是一种常用皮肤药，其成分含量是药物质量控制的重要指标。本实验用反相液相色谱法检测醋酸地塞米松的含量，简便快速。

内标法是在样品溶液中添加一定量的内标物，依据被测物与内标物响应信号比值与被测物浓度的正比例关系进行含量测定，进一步提高方法的准确度和精密度。

三、实验仪器和试剂

1. 仪器

高效液相色谱仪(配紫外检测器)，超声波清洗仪，分析天平，超纯水仪，流动相过滤装置及水系和有机系流动相滤膜(0.22 μm)，循环水泵，针头滤膜(0.22 μm，水系)，50 mL 容量瓶，10 mL 移液管，5.0 mL 医用注射器，色谱柱(250 mm × 4.6 mm，5 μm，C_{18}柱)，100 μL 平头微量注射器。

2. 试剂

醋酸地塞米松和甲睾酮对照品，甲醇(色谱纯)，超纯水，醋酸地塞米松软膏(市售)。

醋酸地塞米松标准储备液(1.0 mg/mL)：准确称取醋酸地塞米松对照品 0.1000 g，用流动相溶液溶解并稀释定容于 100 mL 容量瓶中，摇匀，冰箱 4℃保存。

甲睾酮内标物标准储备液(1.0 mg/mL)：准确称取甲睾酮对照品 0.1000 g，用流动相溶液溶解并稀释定容于 100 mL 容量瓶中，摇匀，冰箱 4℃保存。

四、实验步骤

(1)醋酸地塞米松标准溶液的配制：分别准确移取 0.5 mL、1.0 mL、2.0 mL、3.0 mL、4.0 mL 和 5.0 mL 1.0 mg/mL 醋酸地塞米松标准储备液于 6 个 50 mL 容量瓶中，分别加入 1.0 mL 1.0 mg/mL 甲睾酮内标物标准储备液，用流动相稀释至刻度，摇匀，得到含有 20 mg/L 甲睾酮内标物的 10 mg/L、20 mg/L、40 mg/L、60 mg/L、80 mg/L 和 100 mg/L 醋酸地塞米松标准溶液。

(2)样品溶液的制备：准确称取醋酸地塞米松软膏样品适量(约含有 5 mg 醋酸地塞米松)于 50 mL 容量瓶中，加入适量流动相，水浴溶样，冷却至室温，用流动相稀释至刻度，摇匀，静置后过滤。准确移取该样品溶液 10 mL 于 50 mL 容量瓶中，加入 1.0 mL 1.0 mg/mL 甲睾酮内标物标准储备液，用流动相稀释至刻度，摇匀，用 0.22 μm 滤膜过滤后进行色谱分析。

(3)按给定色谱条件设置分离条件，如检测波长为 240 nm，柱温为室温，流动相为甲醇:水=70:30(体积比)，流速为 1.0 mL/min。平衡色谱柱，待基线平稳后，将仪器调节至进样状态，等待进样分析。

(4)按照仪器的操作步骤，首先对浓度分别为 10 mg/L、20 mg/L、40 mg/L、60 mg/L、80 mg/L 和 100 mg/L 醋酸地塞米松标准溶液进行色谱分析，获得醋酸地塞米松和内标物甲睾酮的保留时间和峰面积，制作内标法的标准曲线。

(5)将加标的醋酸地塞米松软膏样品溶液进行色谱分析，由保留时间进行定性分析，由醋酸地塞米松和甲睾酮的峰面积比值进行定量分析。

(6)实验结束，清洗色谱系统，按操作规程关机。

五、数据处理

(1)根据加标标准溶液色谱峰的保留时间，对醋酸地塞米松软膏进行主成分的鉴定。

(2)根据加标标准溶液色谱峰中醋酸地塞米松和甲睾酮的峰面积比值与醋酸地塞米松浓度之间的正比例关系，以峰面积比值为纵坐标，浓度为横坐标，绘制醋酸地塞米松的标准曲线，获得线性方程和相关系数。

(3)由醋酸地塞米松样品溶液中醋酸地塞米松与内标物甲睾酮的峰面积比值和线性方程，计算药品中醋酸地塞米松的含量(%)。

六、注意事项

(1)内标法中，要在标准溶液及样品溶液中加入相同量的内标物，以保证分析结果的准确度。

(2)液相色谱实验结束，要用甲醇饱和色谱柱之后才可以关机，以免色谱柱内产生细菌而堵塞。

七、问题讨论

(1)本实验为什么选择 240 nm 为检测波长？检测波长不同对分析结果是否有影响？

(2)流动相中甲醇含量的改变对实验有什么影响？

附：高效液相色谱仪

高效液相色谱法是现代色谱方法的重要分支，是指以液体为流动相，采用高压泵控制流速，输送流动相经过微粒固定相的色谱柱，进行不同组分样品的柱分离，从而进入检测器进行信号采集和处理的分析方法。该方法有吸附色谱法、分配色谱法、离子交换色谱法、键合相色谱法和凝胶色谱法等不同的分离分析模式，其主要特点是应用范围广，适用于沸点高、极性强、热稳定性差和相对分子质量大的化合物分离分析，已成为化学、生物、环境、食品、医学、材料和化工等领域的重要分析技术。

1. 高效液相色谱仪的基本构成

为实现高效液相色谱分析，高压泵将储存在储液瓶中的流动相经过进样器输送到色谱分离柱，将样品在色谱柱中进行分离，再依次进入检测器产生信号，并进行信号的处理和输出，从而进行样品的定性和定量分析。

高效液相色谱仪有不同的型号，但主要部件有高压输液系统、进样系统、分离系统和检测系统等，其典型的结构如图 5-12 所示。

1)高压输液系统

高压输液系统包括流动相、流动相储液瓶、溶剂过滤头、高压泵和溶剂混合器，以及离线或在线超声装置等。其中，储液瓶一般为透明玻璃瓶，也可以使用耐腐蚀的不锈钢、氟塑料或聚醚醚酮(PEEK)特种塑料等材料制成的储液瓶，体积一般为 1000 mL，或

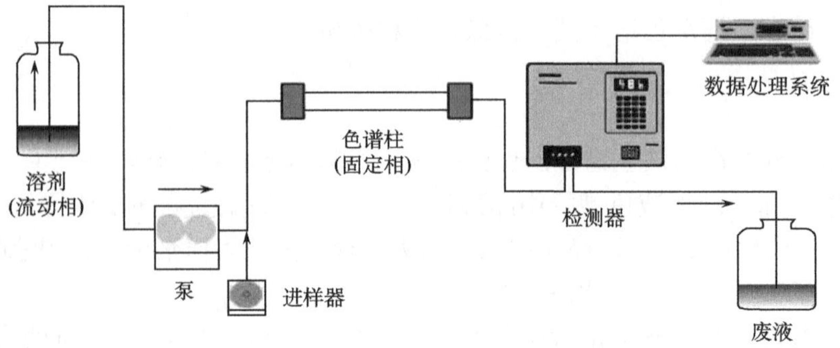

图 5-12　高效液相色谱仪的基本结构

500 mL 及 2000 mL 等。储液瓶放置的高度要高于高压泵，以保证溶液的压差。高压泵大多数是多泵串联或并联的往复柱塞泵，保障流量的稳定性并控制流量，以驱动流动相和样品经过色谱分离柱，到达检测系统，完成分离分析过程。

2)进样系统

高效液相色谱仪的进样方式一般有三种：注射器直接进样、六通阀进样和自动进样器进样，其中比较常用的是六通阀进样器，见图 5-13。六通阀进样器的操作步骤有两步：①逆时针方向切换手柄到“load”位置[图 5-14(a)]，此时六通阀处于充样状态，用微量注射器经针孔进样口注入待分析试液，让定量环充满待分离分析的溶液，多余的试液经废液口排出；②顺时针方向切换手柄到“inject”位置[图 5-14(b)]，使六通阀处于进样状态，流动相将定量环中的试液推入色谱分离柱进行分离，完成一次进样操作。液相色谱仪的六通阀定量环有 5 μL、10 μL 和 20 μL 等不同规格，根据实验需要进行选择。依托定量环进行试液的进样时，用微量注射器注入六通阀的试液体积是定量环体积的 5～6 倍，以保证定量环完全充满，如此试液体积的准确度高、重现性好，适用于外标法色谱定量分析。

图 5-13　六通阀进样器

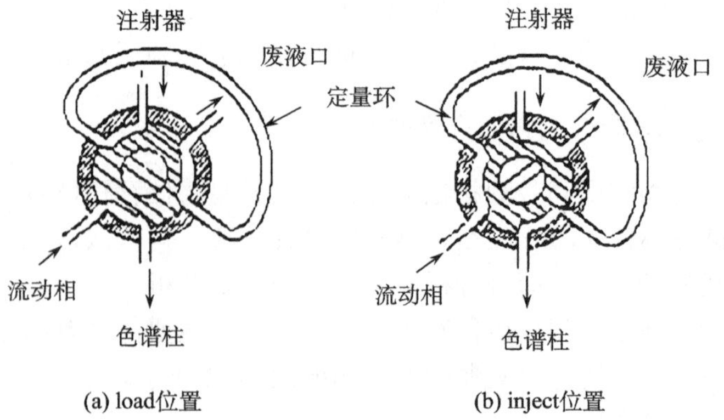

图 5-14　六通阀进样过程示意图

3）分离系统

液相色谱仪的分离系统包括保护柱［也称为预柱，见图 5-15（a）］、色谱柱［图 5-15（b）］和柱温箱等。保护柱是指色谱柱前安装的短柱。一般来说，保护柱的材料和色谱柱材料一致，主要是除去可能的颗粒物和可能会影响色谱柱堵塞、破坏色谱柱材料的成分，保护色谱柱，延长色谱柱使用寿命。液相色谱仪的色谱柱通常为长度 5～30 cm、内径 2～5 cm 的不锈钢管，填料粒径为 5～30 μm，以保证较高的分离柱效，同时要求色谱柱的材料填充紧实均匀。色谱柱是色谱分离分析最重要的部件，特别是柱填料种类繁多，适合于不同的样品分析。液相色谱法分析不需要严格控制分离柱的温度，但是控制柱温可以获得更好的保留重现性和色谱分离效果图。所以，液相色谱仪一般装有柱温箱，可控制温度在室温到 100℃或 150℃。色谱柱温的控制也要考虑色谱柱材料，不同类型的色谱柱有最高使用温度限制。

(a)　(b)

图 5-15　保护柱（a）和色谱柱（b）

4）检测系统

液相色谱仪的检测器有溶质性质检测器和总体检测器两种类型。溶质性质检测器是对分析物的物理或化学性质有响应，如可变波长紫外-可见检测器及二极管阵列检测器、荧光检测器、电化学检测器等；总体检测器是指对试液和流动相总体的物理或化学性质有响应，如示差折光检测器、蒸发光闪射检测器和电导检测器等。液相色谱-质谱联用仪实际上是以质谱为检测器的液相色谱仪，只是需要一个特殊的联用接口，以实现质谱信号的采集和检测。类似的还有液相色谱-傅里叶变换红外光谱、液相色谱-核磁共振和液相色谱-原子发射光谱等联用仪。

最常用的液相色谱检测器有紫外-可见检测器，相当于色谱柱后安装一个紫外-可见分光光度计，流动相推动样品流经检测器的流通池，产生光吸收信号，记录色谱图。流通池非常小，一般为 1～10 μm，以降低死体积，而长度一般为 2～10 mm，以提高检测的灵敏度。使用紫外-可见检测器时，要求流动相无紫外吸收，一般使用甲醇、乙腈或超纯水（有时添加不同的盐类或酸作为改性剂，改善峰形或提高分离效率），这种检测器只适用于有紫外吸收或能够衍生化为有紫外吸收的化合物分析检测。二极管阵列检测器也是一种紫外-可见检测器，只是检测的信号包括全部紫外-可见光区的吸收，即提高组分的光谱定性信息，可以增加液相色谱法的定性能力，也能够提供峰纯度信息。

2. 高效液相色谱仪的基本操作

高效液相色谱仪规格型号多样，硬件和软件操作会有不同，但操作步骤相似。下面以某液相色谱仪为例，介绍仪器的操作步骤。

1) 开机前的准备

(1) 流动相的准备：根据不同的实验内容选择合适的流动相，将流动相进行过膜处理(分别使用水系或有机系 0.22 μm 或 0.45 μm 滤膜)，将流动相装在溶剂瓶中，放置于超声仪中，超声脱气 20～30 min(配有在线脱气装置的仪器不需要离线脱气处理)。

(2) 标准溶液或样品溶液的配制：用合适的溶剂进行标准溶液的配制和样品溶液的配制，以 0.22 μm 或 0.45 μm 滤膜过滤。

2) 开机

(1) 分别打开高压泵、检测器、柱温箱和计算机主机开关。

(2) 排出流动相管路气泡：将超声处理后的流动相溶剂瓶放置于仪器顶端，安装好过滤头和管路后，打开放空阀，用专用注射器吸取管路溶液约 30 mL，彻底排出管路气泡，关闭放空阀。

(3) 参数设置及仪器的平衡：打开计算机桌面操作软件界面，待仪器初始化结束，设定柱温和检测波长，同时，以泵压基本稳定为准，每次提升 0.1 mL/min 或 0.2 mL/min，从低到高缓慢提高流动相的流速从 0 至选定流速(一般为 1 mL/min)，用同样方法缓慢改变流动相的组成至选定比例。之后，观察基线，待基线平稳后，准备进样分析。

(4) 进样：清洗和润洗微量注射器，吸取待分析溶液，排出气泡，逆时针方向转动六通阀手柄到“load”位置，以定量环 5～6 倍体积的溶液注入进样器，快速顺时针方向转动六通阀手柄到“inject”位置，自动启动数据采集和记录。在分析界面的“参数设置”中设置分析时间、样品名称和保存路径。

(5) 数据处理：分析结束，在“后处理”中打开数据文件，读取色谱保留值和峰面积等数据，也可以进行数据和图谱的打印。由保留值进行定性分析，由峰面积进行定量分析。

3) 关机

(1) 冲洗色谱柱：用流动相冲洗色谱柱 10～20 min 至无信号峰出现，再用纯甲醇或纯乙腈冲洗 20～30 min。如果流动相中有盐类或酸类成分，可以用含有 5%甲醇或乙腈的超纯水冲洗色谱柱 20～30 min，除去盐或酸，再用纯甲醇或乙腈冲洗色谱柱 20～30 min。

(2) 降低流动相流速：以泵压基本稳定为准，每次降低流动相流速 0.1 mL/min 或 0.2 mL/min，当缓慢降低至 0 时，观察高压泵的泵压，等待泵压降低为 0。

(3) 冲洗进样阀：用微量注射器吸取流动相，冲洗进样阀 3～5 次，再用甲醇分别在“inject”和“load”状态冲洗 3～5 次，最后用仪器配置的冲洗头用甲醇冲洗 3～5 次。

(4) 关机：实验结束时，首先关闭检测器，以保证检测器的寿命，色谱体系冲洗完成后，关闭工作站、柱温箱和高压泵，最后关闭计算机。整理好试剂、仪器，做好台面和地面等实验室的卫生，填写仪器使用记录本并签字。

3. 高效液相色谱仪的日常保养和注意事项

(1) 为延长检测器的使用寿命，实验时，先开机设置各种参数，后打开检测器开关，实验结束，先关闭检测器，再进行仪器的清洗等。

(2)流动相中有机溶剂需要使用色谱纯，水相使用超纯水，改性剂中的盐或酸等要使用分析纯以上的纯度，而且配制的盐或酸的水溶液要过膜后使用。

(3)样品溶液必须过膜才能进样分析，以防管路或色谱柱堵塞。

(4)为保护高压泵，提升和降低流动相流速时均要缓慢进行。

(5)按规范操作步骤进行流动相的准备、更换和样品的进样，避免气泡进入色谱体系中的色谱柱和流通池中。如果基线呈现较大的正弦波状重复性波动，可能是色谱体系存在气泡，此时可以用手指或橡皮堵住出液口，让泵压上升，突然松开，如此反复多次，直至将气泡赶出，基线平稳，才可以进行分析。

第6章 其他实验

实验59 离子色谱法测定水样中常见阴离子

一、实验目的

(1)学习离子色谱法的基本原理和应用特点。

(2)练习离子色谱仪的基本操作。

(3)学习离子色谱法的定性及定量分析方法。

二、方法原理

离子色谱法(ion chromatography, IC)是以阴离子或阳离子交换树脂为固定相，以电解质溶液为流动相的液相色谱法。其分离机制为基于离子静电作用的离子交换过程，即被测物由于离子半径不同、电荷数不同，与固定相的离子亲和力不同而具有不同的保留时间，实现分离。分离阴离子时，主要使用NaOH或Na_2CO_3、$NaHCO_3$等溶液进行洗脱；分离阳离子时，一般使用稀盐酸或稀硝酸溶液进行洗脱。分离柱后洗脱的离子一般使用电导检测器显示信号，因此在分离柱和检测器之间一般会串联抑制柱，使被分离的离子转换为高电导率的无机酸，而淋洗液中的离子(如OH^-、CO_3^{2-}、HCO_3^-)转化为低电导率的碳酸，不干扰被分析离子的电导值信号。与其他液相色谱法一样，和标准品对照，由保留时间进行定性分析，由峰面积进行定量分析。

离子色谱法对阴离子具有很高的分析灵敏度，在环境、食品、生物和化工等领域得到广泛应用。

三、实验仪器和试剂

1. 仪器

离子色谱仪(配阴离子分离柱和保护柱、抑制柱、自动再生装置和电导检测器)，超声波清洗仪，分析天平，超纯水仪、流动相过滤装置及水系和有机系流动相滤膜(0.22 μm)，循环水泵，针头滤膜(0.22 μm，水系)，10 mL、1000 mL容量瓶，10 mL移液管，5.0 mL医用注射器，色谱柱(250 mm × 4 mm，5 μm，阴离子交换树脂)，100 μL平头微量注射器。

2. 试剂

NaF、KCl、NaBr、$NaNO_3$、$NaNO_2$、Na_2SO_4、Na_3PO_4和Na_2CO_3、$NaHCO_3$均为优级纯，超纯水。

淋洗储备液(0.35 mol/L Na_2CO_3+0.1 mol/L $NaHCO_3$)：分别称取105℃干燥2 h的

37.10 g Na_2CO_3 和 8.40 g $NaHCO_3$ 于小烧杯中，用适量超纯水溶解，定量转移至 1000 mL 容量瓶中，并稀释至刻度，摇匀待用。若需要放置，则转移至聚乙烯瓶中，在冰箱中保存。

阴离子标准储备液：分别烘干或干燥几种待测离子的标准品 NaF、KCl、NaBr、$NaNO_3$、$NaNO_2$、Na_2SO_4、Na_3PO_4 和 Na_2CO_3、$NaHCO_3$，准确称取适量固体，用水溶解，配制阴离子浓度分别为 1.00 mg/mL 的标准储备液。

四、实验步骤

(1) 淋洗液的配制：移取 10.00 mL 淋洗储备液于 1000 mL 容量瓶中，用超纯水稀释至刻度，摇匀后，过 0.22 μm 滤膜，待用。此淋洗液为 0.0035 mol/L Na_2CO_3+ 0.001 mol/L $NaHCO_3$ 混合液。

(2) 标准溶液的配制：分别将 1.00 mg/mL 单个离子的标准储备液稀释 100 倍，配制浓度为 10 μg/mL 的标准溶液。分别准确移取 0.5 mL 1.00 mg/mL 单个离子的标准储备液于 50 mL 容量瓶中，各加入 0.50 mL 淋洗储备液，用超纯水稀释至刻度，摇匀。

混合标准溶液：分别准确移取一定量的单个离子标准储备液于 100 mL 容量瓶中，各加入 0.5 mL 淋洗储备液，用水稀释至刻度，配制浓度范围为 5～100 μg/mL 混合标准溶液。

(3) 样品制备：准确移取未知水样 9.90 mL，加入 0.10 mL 淋洗储备液，混合均匀后，过 0.22 μm 滤膜，待测。

(4) 按给定色谱条件设置分离条件，如淋洗液流速为 1.2 mL/min，抑制电导检测为自循环模式，进样量为 100 μL。首先平衡色谱柱，待基线平稳后，将仪器调节至进样状态，等待进样分析。

(5) 按操作规程，首先对单个阴离子的标准溶液进样分析，获得保留时间和峰面积，绘制标准曲线。

(6) 对未知水样进行离子色谱分析，由保留时间进行定性分析，由峰面积进行定量分析。

(7) 实验结束，清洗微量注射器和色谱系统，按操作规程关机。

五、数据处理

(1) 列表记录各阴离子的保留时间，作为定性分析依据。

(2) 列表记录混合标准溶液中各阴离子的保留时间及峰面积，以各阴离子标准溶液的浓度为横坐标，对应的峰面积为纵坐标绘制标准曲线，获得线性方程和相关系数。

(3) 由未知水样中各色谱峰的保留时间进行定性分析，判断未知水样中阴离子的组成。根据各阴离子色谱峰的峰面积和标准曲线，计算各阴离子的含量(μg/mL)。

六、注意事项

(1) 离子色谱分离柱有多种型号和规格，可以根据具体情况调整分离条件和标准溶液浓度范围。

(2) 尽量将抑制器的电流设定为 50 mA，以延长其使用寿命，而且要同时开关抑制器和泵。

(3) 实验过程中，随时观察分离柱的柱压，柱压过低或过高，有可能是流量漏液或堵塞，应及时处理。

七、问题讨论

(1) 说明在检测器前串联抑制器的作用。
(2) 影响离子出峰时间的因素有哪些？

实验 60　核磁共振波谱法测定乙基苯的结构

一、实验目的

(1) 学习核磁共振波谱法的基本原理及其主要应用。
(2) 练习核磁共振波谱仪的基本操作。
(3) 练习核磁共振波谱的图谱解析。

二、方法原理

核磁共振波谱法(nuclear magnetic resonance spectroscopy，NMR)是一种利用强磁场中电磁波与原子核自旋相互作用的核磁共振线性建立起来的研究化合物分子结构的重要分析方法，有氢核磁共振波谱和碳核磁共振波谱等不同类型。

NMR 的基本原理是指带有正电荷的原子核自旋时产生核磁矩，在外磁场中吸收从低能态跃迁至高能态所需能量差的能量时，就能够产生共振谱，据此可以进行分子中原子类型、个数和排列方式的研究。NMR 也是一种吸收光谱方法，与其他谱学方法相比，尽管其灵敏度不高，但其高分辨率及谱图中所呈现的大量分子结构信息决定了该方法在结构分析中的重要地位，在化学、生物、材料、医药等领域得到了广泛应用。

三、实验仪器和试剂

1. 仪器

傅里叶变换核磁共振波谱仪，专用样品管(直径 5 mm，长度 150 mm 以上)。

2. 试剂

$CDCl_3$，乙基苯(分析纯)。

四、实验步骤

1. 样品的配制

取约 5 mg 固体样品或 0.05 mL 液体样品，置于专用的样品管中，加入 0.5 mL $CDCl_3$，盖上盖子，充分振摇，使样品充分溶解并混合均匀。

2. 测试

(1) 按照实验操作规程，开机并进入 NMR 测试界面，进行仪器的自检。

(2)进行仪器状态检测和调试，设定采样参数，如测试方法、谱带、采样次数和自动增益等。

(3)放入试样管，采集样品谱图。

五、数据处理

(1)记录实验条件。

(2)对测试谱图进行解析，读取化学位移值，确定氢原子种类、个数，对照化合物结构，进行结构解析。

六、注意事项

(1)NMR 实验中，浓度过大的样品谱图会产生旋转边带或较大的卫星峰等问题，而且谱图的分辨率明显很差，所以尽量少取样品。

(2)实验结束后，要及时将试样管中的样品溶液倒入废液瓶中，并清洗干净。

七、问题讨论

(1)NMR 提供分子结构的什么信息?

(2)说明 NMR 图谱中产生分裂峰的原因。

实验 61 高效毛细管电泳法分离测定饮料中的苯甲酸钠

一、实验目的

(1)学习高效毛细管电泳法的基本原理和应用特点。

(2)熟悉高效毛细管电泳仪的基本构成和操作。

(3)了解高效毛细管电泳法的基本实验参数。

二、方法原理

高效毛细管电泳法(high performance capillary electrophoresis，HPCE)是以高压直流电场为驱动力，以毛细管为分离通道，依据各种化合物淌度和分配系数的不同对样品组分进行分离分析的仪器分析方法。

淌度是指单位电场强度下的平均电泳速度：

$$\mu=\frac{v}{E}=\frac{q}{6\pi\gamma\eta}$$

式中：μ 为淌度；v 为电泳速度；E 为电场强度；q 为电荷数；γ 为离子的表观液态动力学半径；η 为介质的黏度。可见，离子的淌度与离子的电荷数成正比，与其半径和介质黏度成反比。

电渗流(electroosmotic flow，EOF)是指毛细管内壁表面电荷所引起的管内液体的整体流动，来源于外加电场对管壁溶液双电层的作用。EOF 的大小和方向与毛细管材料、温度、溶液组成及浓度等介质条件、外加电场强度等有关。

电渗流速度：

$$v_{电渗流} = \mu E = \varepsilon_0 \varepsilon \varsigma E$$

式中：ε_0 为真空介电常数；ε 为介电常数；ς 为毛细管壁的 ς 电势。

淌度和电渗流是 HPCE 实现样品组分分离分析的重要参数和依据。HPCE 简便快速、分离效率高、消耗样品量少，应用范围极广，特别是在生物、食品、医药、环境和材料等领域有着广泛的应用。

食品添加剂可以有效改善食品的色、香、味等品质，以及延长防腐周期或适应加工工艺的需要。为了最大限度地降低添加剂对人体健康的影响，各国对每一种添加剂在不同食品中的添加量都有标准限量。所以，对食品中的添加剂进行检测具有十分重要的意义。

苯甲酸钠是一种常用的食品添加剂，可有效防止食品变质发酸而延长保质期，但苯甲酸钠会破坏细胞线粒体和存在一定的肝脏毒性等。本实验对饮料中添加的防腐剂苯甲酸钠进行 HPCE 分离分析。

三、实验仪器和试剂

1. 仪器

高效毛细管电泳仪，超声波清洗仪。

2. 试剂

苯甲酸钠标准储备液(1.0 mg/mL)：用超纯水配制。
氢氧化钠溶液(1.0 mol/L)：用分析纯氢氧化钠配制。
硼酸钠溶液(20 mmol/L)：用分析纯硼酸钠配制，调节 pH 为 9.3。
饮料(市售)。

四、实验步骤

1. 实验准备

1) 标准溶液的配制

分别准确移取 1.0 mL、2.0 mL、3.0 mL、4.0 mL 和 5.0 mL 1.0 mg/mL 苯甲酸钠标准储备液于 5 个 25 mL 容量瓶中，用超纯水稀释至刻度，摇匀，配制浓度分别为 40 μg/mL、80 μg/mL、120 μg/mL、160 μg/mL 和 200 μg/mL 的苯甲酸钠标准溶液。

2) 饮料样品的制备

将饮料样品倒入烧杯中，置于超声波清洗仪中超声脱气，用 0.45 μm 滤膜过滤，备用。

2. 开机及测试

(1) 开机：打开计算机和毛细管电泳仪，进入测试程序。

(2)按仪器说明，清洗和平衡仪器，设置实验参数，进行标准溶液和样品的测试。

3. 实验结束

(1)读取标准溶液及样品测试结果，即保留时间和峰面积，进行数据处理并输出，清理实验台面。

(2)用纯水冲洗毛细管 30 min，待基线平稳后，关闭仪器仪器，关闭工作站，关闭仪器电源及计算机等。

五、数据处理

(1)根据苯甲酸钠标准溶液的峰面积和浓度拟合标准曲线，获得线性方程和相关系数。

(2)根据标准溶液和样品溶液 HPCE 图谱的保留时间进行样品溶液的定性分析，根据峰面积进行定量分析，计算样品溶液中苯甲酸钠的含量。

六、注意事项

(1)毛细管的冲洗和平衡是保证实验结果可靠性和重现性的重要步骤，要按要求进行。

(2)每次实验结束，都需要用水冲洗毛细管，防止毛细管的堵塞。

七、问题讨论

(1)说明实验条件对于 HPCE 分离分析的重要性。

(2)阐述电渗流对于 HPCE 分离的重要性。

实验62 草酸钙的热重分析

一、实验目的

(1)学习热重分析法的基本原理和应用。

(2)用热重分析仪绘制 $CaC_2O_4 \cdot H_2O$ 的热重曲线，并研究图谱变化对应的反应过程。

二、方法原理

物质在受热情况下发生物理或化学变化，产生质量的改变，这种结构的变化或质量的改变与温度的变化有关。热重分析法(thermal gravimetric analysis，TGA)就是在程序升温过程中记录物质质量变化与温度关系的热分析方法。热重曲线反映出温度升高对应的组分挥发或分解过程，可用于物质的组成分析和热稳定性表征。

草酸钙受热后有三个典型的失重过程：①水分子的失去；②草酸钙分解为碳酸钙；③碳酸钙的分解。反应式如下：

$$CaC_2O_4 \cdot H_2O \xrightarrow{100\sim200℃} CaC_2O_4 + H_2O$$

$$CaC_2O_4 \xrightarrow{400\sim500℃} CaCO_3 + CO$$

$$CaCO_3 \xrightarrow{600\sim800℃} CaO + CO_2$$

绘制物质的热重曲线，可以了解物质组成和热稳定性，也可以研究物质的热分解机理。

三、实验仪器和试剂

1. 仪器

热重分析仪，分析天平，专用坩埚等。

2. 试剂

$CaC_2O_4 \cdot H_2O$(分析纯)，氮气(纯度 99.99%)。

四、实验步骤

1. 实验准备

(1)打开氮气钢瓶的减压阀，调节出口压力为 0.10～0.20 MPa，热重分析仪压力表为 0.10 MPa，通气 30 min 以上。

(2)开启计算机和仪器主机开关，进行自检，然后预热 30 min。

(3)用分析天平称取约 10 mg 草酸钙样品于坩埚中。

(4)按仪器说明，将坩埚置入仪器中，并开启冷却水。

2. 分析测试

启动测试软件，设置升温速率、量程等参数，确定后开始测试。

3. 实验结束

(1)读取实验数据，进行数据处理并输出。

(2)实验结束，等待仪器冷却至室温，退出系统，清理仪器，关闭仪器和计算机，关闭钢瓶总阀及冷却水。

五、数据处理

计算不同温度段失重比例，阐述对应的质量变化的物理或化学过程。

六、注意事项

(1)坩埚中的样品要平铺均匀，使样品受热均匀。

(2)完成实验后，加热炉温度降低至 200℃以下后，才可以关闭冷却水。

七、问题讨论

(1)加大升温速率时，草酸钙的分解温度如何变化?

(2)要获得标准的热重曲线，需要选择的测试条件有哪些?

综合性实验和设计研究性实验

第 7 章　综合性实验

实验 63　中草药中的无机元素分析

一、实验目的

(1) 了解中草药无机成分分析的重要性。

(2) 学习中草药中无机元素测定的样品预处理方法。

(3) 熟悉无机元素多组分同时分析的方法。

二、方法原理

有机活性成分通常是中草药发挥药效的主要部分，而中草药的无机成分通常是无效成分。但是，有的中草药中的无机成分具有一定的药理作用或辅助药效作用，如附子中的钙与该药材的强心作用有关、海产品中的碘对缺碘疾病有治疗作用等，对中草药中无机元素的分析是其药效学基础。

电感耦合等离子体原子发射光谱法(ICP-AES)可满足多元素同时测定的要求，而且灵敏度高、选择性好、线性范围宽，可同时测定实际复杂样品中的常量组分和微量组分，应用广泛。

本实验以钾、铬、锌、铜、锰和铁为分析对象，用 ICP-AES 进行中草药中无机组分的定量分析，其检出限可分别达到 35.0 μg/L、1.6 μg/L、1.0 μg/L、0.80 μg/L、0.25 μg/L 和 1.0 μg/L。本实验采用湿法消化分解处理中草药样品，根据各元素的发射谱线强度 I 与其浓度 c 之间的定量关系 $I=ac^b$，用标准曲线法实现样品中多种无机组分的含量分析。

三、实验仪器和试剂

1. 仪器

电感耦合等离子体原子发射光谱仪，聚四氟乙烯坩埚。

2. 试剂

硝酸、高氯酸、盐酸(优级纯)。

钾、铬、锌、铜、锰和铁标准储备液(1.000 mg/mL) 分别用光谱纯试剂配制。

四、实验步骤

1. 标准溶液的配制

用去离子水分别将 1.000 mg/mL 钾、铬、锌、铜、锰和铁标准储备液稀释至合适的浓度。

2. 试样溶液的制备

将中药材洗净后烘干，研碎，称取约 0.50 g 粉末状样品置于聚四氟乙烯坩埚中，加入 5 mL 硝酸和 1 mL 高氯酸，加盖，120℃加热 3 h，之后继续升温至 150℃(冒烟)，使溶液呈无色或淡黄色(如果溶液颜色较深，可以补加少量硝酸，继续加热至近干)，以 8% 盐酸溶液溶解并定容至 25 mL。

3. 测定

将 ICP 的射频功率、等离子气流量、辅助气流量、雾化气流量和溶液提升量分别调至 1250 W、7 L/min、0.2 L/min、0.6 L/min 和 1.6 mL/min，观察位置自动优化。然后将标准溶液和处理好的试样溶液分别导入电感耦合等离子体原子发射光谱仪中进行测试。

五、数据处理

根据表 7-1 选择各元素的分析线，读取对应的谱线强度。

表 7-1　谱线强度及元素含量

元素名称	分析线波长/nm	谱线强度		含量/(mg/kg)
		标准溶液系列	试样溶液	
钾	766.49			
铬	267.72			
锌	231.86			
铜	327.39			
锰	257.61			
铁	238.20			

六、注意事项

(1) ICP 的发射有很强的紫外光，所以实验过程中需要带上有色玻璃防护窗观察 ICP。
(2) 实验完毕后，需要将进样系统用去离子水清洗 5 min 后，才可以关机。
(3) 关机时，要先降高压，然后熄灭等离子体炬，再关冷却气和冷却水。

七、问题讨论

(1) ICP 光源的主要优点有哪些？
(2) 阐述中草药无机组分检测的实际意义。

实验 64　洋葱皮中黄酮成分的提取分析

一、实验目的

(1) 学习回流萃取提取洋葱皮中黄酮类化合物的方法。

(2) 熟悉分光光度法和液相色谱法的应用。

(3) 掌握黄酮的提取、鉴别及含量的测定方法。

二、方法原理

黄酮是天然物质中一类重要的生物活性物质，主要功效包括抗氧化、改善血液循环、养肝护肝、降低胆固醇和抑制炎性生物酶的渗出等，并具有抗癌、降压、降血脂和抗衰老等功能。

黄酮类化合物的分子中大多有邻二苯酚、α-或β-羟基酮等结构，可以与铝盐、铅盐、镁盐等试剂发生显色反应，生成显色配合物。本实验利用黄酮类化合物与铝盐的显色反应，在 510 nm 处测定吸光度，进而确定黄酮类化合物的总量，以芦丁对照品为标准物质绘制标准曲线。实验中，先用 $NaNO_2$ 与黄酮反应使黄酮还原，再加入 $Al(NO_3)_3$ 发生络合，最后加入 NaOH 溶液使黄酮类化合物开环，生成 2-羟基查耳酮，发生显色反应。

洋葱皮中的黄酮类化合物是除水分以外含量最高的一类物质，主要有槲皮素、芦丁、山柰酚等，是一种具有较高营养价值的蔬菜。本实验用分光光度法分析洋葱皮中总黄酮，同时用液相色谱法对黄酮提取液进行分离分析，测定洋葱皮中主要黄酮类化合物各自的含量。

三、实验仪器和试剂

1. 仪器

液相色谱仪，紫外-可见分光光度计，10 mL 容量瓶，250 mL 圆底烧瓶，10 mL、100 mL 量筒，2 mL、5 mL 吸量管，玻璃棒，比色皿，索氏提取器，洗瓶，研钵，铁架台，加热套，胶头滴管，分析天平。

2. 试剂

洋葱皮(2.0 g)，乙醇溶液(60%，体积分数)，$NaNO_2$ 溶液(50 g/L)， $AlCl_3$ 溶液(100 g/L)，NaOH 溶液(40 g/L)。

槲皮素、芦丁、山柰酚标准储备液(0.100 mg/mL)：用分析天平分别准确称取 10.0 mg 槲皮素、芦丁、山柰酚对照品置于烧杯中，用 60%乙醇溶液溶解(低温加热加快溶解)并定容于 100 mL 容量瓶中，摇匀。

四、实验步骤

1. 洋葱皮中黄酮类化合物的提取

将洋葱皮洗净置于干燥箱中干燥 3 h，取出用研钵研碎成 20 目。准确称取约 1.80 g 洋葱皮，用滤纸包裹置于索氏提取器中，用 60%乙醇溶液(80 mL)回流萃取 3 次，每次 50 min，合并 3 次的萃取液，然后用 60%乙醇溶解并定量转移至 100 mL 容量瓶定容，摇匀，待测。

2. 洋葱皮提取物中总黄酮的定量分析

1) 总黄酮提取分析——分光光度法

(1) 绘制芦丁对照品的标准曲线。用吸量管分别吸取 1.0 mL、2.0 mL、3.0 mL、4.0 mL 和 5.0 mL 芦丁标准溶液于 5 个 10 mL 容量瓶中，各加入 $NaNO_2$ 溶液 0.5 mL，摇匀放置 6 min，再加入 $AlCl_3$ 溶液 0.31 mL，摇匀放置 6 min，加入 NaOH 溶液 4 mL，然后用 60% 乙醇溶液定容，放置 15 min。

(2) 将芦丁标准溶液置于比色皿中，用紫外-可见分光光度计扫描其最大吸收峰，并在其最大吸收峰对应的最大波长处测定吸光度(以 60%乙醇溶液为空白对照)。本实验测定的最大吸收峰对应的最大吸收波长为 516 nm。

(3) 洋葱皮提取物中总黄酮的测定。用吸量管吸取 3.0 mL 洋葱皮提取物于 25 mL 容量瓶中，按以上步骤显色并测定溶液的吸光度。

2) 黄酮分离分析——液相色谱法

(1) 标准曲线的制作：分别配制浓度为 0.1～200 mg/L 的槲皮素、芦丁和山柰酚标准溶液系列。

(2) 液相色谱分析：液相色谱分离分析条件为 C_{18} 色谱柱(4.6 mm×250 mm，5 μm)，流动相为甲醇-0.4%磷酸溶液(pH=3)(58∶42，体积比)，流速为 1.0 mL/min，柱温为 30℃，检测波长为 368 nm，外标法定量分析。首先对标准溶液进样分析，读取几种黄酮类化合物的保留时间和峰面积，然后将洋葱皮提取液经 0.22 μm 滤膜过滤后进样分析，记录色谱峰的保留时间和峰面积。

五、数据处理

(1) 以芦丁的浓度为横坐标，吸光度为纵坐标，绘制芦丁对照品的标准曲线。

(2) 在标准曲线上查出与洋葱皮提取物吸光度 A 相应的芦丁的浓度，计算洋葱皮中总黄酮的含量。

(3) 根据槲皮素、芦丁和山柰酚标准溶液的浓度和峰面积进行线性拟合，获得线性方程和相关系数。

(4) 将洋葱皮提取液的色谱峰对应化合物的保留时间与槲皮素、芦丁和山柰酚标准溶液的保留时间对照，鉴定样品中的三种主要黄酮类化合物，根据各自的峰面积进行定量分析，计算洋葱皮中三种主要黄酮类化合物的含量。

六、问题讨论

(1) 为什么用芦丁作为对照品绘制标准曲线？是否可以用槲皮素或其他黄酮对照品取代？

(2) 将洋葱皮中槲皮素、芦丁和山柰酚含量与总黄酮比较，说明什么？

实验 65　紫苏挥发油成分分析(气相色谱-质谱法)

一、实验目的

(1) 了解药用植物挥发油的水蒸气蒸馏提取方法。

(2) 了解程序升温在气相色谱分析中的重要作用。

(3) 了解应用气相色谱-质谱联用技术分析样品的基本过程，掌握利用质谱标准图库检索进行色谱峰定性分析的方法。

二、方法原理

挥发油广泛存在于植物中，是一类可随水蒸气蒸馏出来而又与水不相混溶的挥发性油状成分的总称。药用植物中的挥发油多具有生物活性，临床上具有止咳、平喘、发汗、解表、祛痰、杀虫、抗菌等作用，因此含有挥发油的一些植物被当作药物使用，如紫苏被用于治疗风寒感冒、咳嗽、胸腹胀满、恶心呕吐等。

紫苏中的挥发油成分复杂，若使用恒定的柱温分离，则会出现低沸点组分的色谱峰重叠在一起、而高沸点组分出峰很晚甚至不出峰的现象，因此采取程序升温的方式进行分离。

气相色谱法通常利用组分的保留特性进行定性分析。在欲定性的组分完全未知或无法获得组分的标准品时，气相色谱法对组分进行定性分析就十分困难了。气相色谱-质谱联用技术具有很强的结构解析能力，一般组分不需要标准品，只要将组分的质谱图与标准图库中的质谱图进行比对就可以进行定性分析。

三、实验仪器和试剂

1. 仪器

超临界流体萃取仪，气相色谱-质谱仪，SE-54 (30 m×0.32 mm，0.25 μm) 石英毛细管柱，微量注射器。

2. 试剂

CO_2，紫苏。

四、实验步骤

1. 提取挥发油

取新鲜的开花前期的东紫苏植物地上部分洗净、粉碎、过 700 μm (24 目) 筛。称取已处理的东紫苏 7.0000 g 于萃取池中，加改性剂进行动态萃取。待无色透明的油状萃取物从阻尼器 (弹性石英毛细管) 出来后，在室温下用二氯甲烷吸收，定容至 4 mL。

2. 分析鉴定

色谱柱升温程序为初始温度 50℃(5 min)，以 3.5℃/min 的速度升温到 280℃(10 min)；将气化室温度和检测器温度均设置为 260℃，离子源温度设置为 230℃。当仪器参数达到设定值并稳定后，将 0.3 μL 紫苏提取液注入气相色谱仪中，记录色谱图。

五、数据处理

在总离子流色谱图上的各色谱峰处双击鼠标右键获取相应的质谱图，用 INCOS 数据系统进行检索和质谱解析，根据匹配度、置信度确定各峰的归属。

六、注意事项

(1) 气相色谱-质谱仪任一单元的温度高于 80℃时，不得关闭载气。

(2) 为避免出现漏气的情况，进样口密封垫应按时更换。

七、问题讨论

(1) 气相色谱-质谱仪是如何得到总离子流色谱图的？

(2) 什么情况下采取程序升温分离？

实验 66　啤酒中嘌呤类和 α 酸类成分的测定

一、实验目的

(1) 了解液相色谱法在食品分析中的应用。

(2) 学习液相色谱法分离分析嘌呤类化合物的原理和方法。

(3) 学习高效液相色谱仪操作和定性定量分析方法。

二、方法原理

啤酒具有丰富的营养成分，如含有多种有机酸、多糖、多肽、酚类和酮类化合物等，常被称为“液体面包”，而且其口感清凉，备受喜爱。但啤酒中的嘌呤类物质会增加痛风患病危险。α 酸(甲基苦味酸)是呈现啤酒风味的重要物质，其含量高低是评价酿造工艺的重要指标。所以，啤酒中嘌呤类和 α 酸类化合物的检测尤为重要，这些化合物的分子结构式见图 7-1。

高效液相色谱法是一种适合复杂实际样品多组分同时分析的方法，具有快速准确、选择性好、灵敏度高、应用性广的特点。本实验以等度洗脱的方式就可以分别实现对啤酒样品中 4 种嘌呤类和 α 酸类化合物的分离分析。

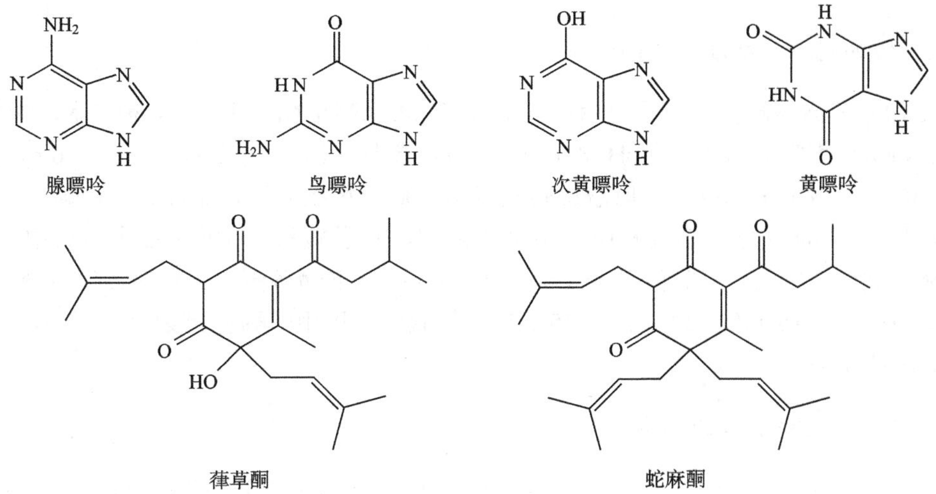

图 7-1　4 种嘌呤类和 2 种 α 酸类化合物的分子结构式

三、实验仪器和试剂

1. 仪器

高效液相色谱仪(配紫外检测器)，超声波清洗仪，分析天平，超纯水仪，流动相过滤装置及水系和有机系流动相滤膜(0.22 μm)，循环水泵，针头滤膜(0.22 μm，水系)，50 mL 容量瓶，10 mL、25 mL 移液管，5.0 mL 医用注射器，色谱柱(250 mm × 4.6 mm，5 μm，C_{18} 柱)，100 μL 平头微量注射器。

2. 试剂

腺嘌呤、鸟嘌呤、次黄嘌呤和黄嘌呤对照品，甲醇(色谱纯)，三氟乙酸和甲酸(分析纯)，超纯水，啤酒(市售)。

标准储备液(1.0 mg/mL)：分别准确称取腺嘌呤、鸟嘌呤、次黄嘌呤和黄嘌呤对照品 0.1000 g，用少量 1 mol/L NaOH 溶液溶解，用水定容于 100 mL 容量瓶中，摇匀，冰箱 4℃ 保存。

四、实验步骤

1. 嘌呤标准溶液的配制

分别准确移取 10 mL 4 种嘌呤类化合物标准储备液于 50 mL 容量瓶中，用盐酸中和 NaOH 溶液至 pH 约为 4.0，用水稀释至刻度，摇匀，得到浓度分别为 200 mg/L 的混合标准溶液。取该混合标准溶液 25 mL，用水稀释定容于 50 mL 容量瓶中，摇匀，得到 100 mg/L 的混合标准溶液。分别准确移取 0.5 mL、2.5 mL、5.0 mL 和 25 mL 100 mg/L 混合标准溶液于 4 个 50 mL 容量瓶中，用水稀释至刻度，摇匀，得到浓度分别为 1 mg/L、5 mg/L、10 mg/L 和 50 mg/L 的混合标准溶液。

2. α 酸的提取与标准溶液的配制

取 10 g 啤酒花浸膏于三颈烧瓶中，滴加 20 mL 0.25% NaOH 溶液，50℃水浴中搅拌，用 5% NaOH 溶液调节酸度为 pH=8.5～9.0，继续搅拌 1 h，冷却至室温，放置 6 h，过滤，用盐酸酸化，用甲苯萃取，萃取液旋转蒸发溶剂后，得到 α 酸，于冰箱中冷藏。

称取 100 mg α 酸于小烧杯中，用甲醇溶解，定量转移至 100 mL 容量瓶中，用甲醇稀释至刻度，摇匀，得到浓度为 1 mg/mL 的 α 酸标准储备液。分别取该储备液 1 mL、5 mL、10 mL、15 mL、20 mL 于 25 mL 容量瓶中，用甲醇稀释至刻度，摇匀，得到 α 酸标准溶液系列。

3. 啤酒样品中嘌呤的测定

将啤酒脱气，取 10 mL 市售啤酒于 50 mL 圆底烧瓶中，分别加入 2.0 mL 三氟乙酸和甲酸，混合均匀后，100℃水浴 0.5 h，冰浴冷却，用 1 mol/L NaOH 溶液调节酸度为 pH=7。离心过滤，滤液用 1 mol/L 盐酸调节酸度为 pH=4，用超纯水稀释定容于 50 mL 容量瓶中，用 0.22 μm 滤膜过滤，滤液用于 HPLC 分析。另取啤酒样品不加三氟乙酸和甲酸，其他步骤同上处理，得到的样品溶液用于测定啤酒中的游离嘌呤化合物。

按给定色谱条件设置分离条件，如检测波长为 254 nm，柱温为 35℃，流动相为 10% 甲醇-0.1%甲酸(pH=4.0)(10∶90，体积比)，流速为 1.0 mL/min。平衡色谱柱，待基线平稳后，将仪器调节至进样状态，等待进样分析。

按照仪器的操作步骤，首先对浓度分别为 1 mg/L、5 mg/L、10 mg/L、50 mg/L、100 mg/L 和 200 mg/L 的混合标准溶液进行色谱分析，获得保留时间和峰面积，绘制标准曲线。

对未加酸处理的啤酒样品和酸水解后啤酒样品分别进行色谱分析，由保留时间进行定性分析，由峰面积进行定量分析，分别测定啤酒样品中的游离嘌呤化合物和嘌呤化合物总量。样品进样 3 次。

4. 啤酒样品中 α 酸的测定

准确移取 100 mL 啤酒样品于旋转蒸发仪中，旋转蒸发至约 7 mL，用水稀释定容于 10 mL 容量瓶中，摇匀，用 0.22 μm 滤膜过滤，用于 α 酸的测定。

按给定色谱条件设置分离条件，如检测波长为 313 nm，柱温为 30℃，流动相为甲醇-水(磷酸调节 pH=2.5)(85∶15，体积比)，流速为 1.0 mL/min。平衡色谱柱，待基线平稳后，将仪器调节至进样状态，等待进样分析。

按照仪器的操作步骤，首先对 α 酸标准溶液系列进行色谱分析，获得保留时间和峰面积，绘制标准曲线。然后，进行上述样品溶液中 α 酸的分析测定，获得样品溶液色谱图，读取保留时间和峰面积。

5. 实验结束

实验结束后，清洗色谱系统，按操作规程关机。

五、数据处理

(1) 根据标准溶液色谱峰的保留时间，对啤酒样品中嘌呤和 α 酸进行鉴定分析。

(2) 根据 4 种嘌呤类化合物标准溶液的峰面积和浓度分别拟合线性曲线，获得线性方程和相关系数。由未水解和酸水解样品中 4 种嘌呤类化合物的峰面积和各自的标准曲线，计算啤酒中 4 种嘌呤类化合物的游离态含量和总量(mg/L)，并打印实验图表和分析结果。

(3) 根据 α 酸标准溶液的峰面积和浓度拟合线性曲线，获得线性方程和相关系数。由样品中峰面积计算啤酒中 α 酸的含量(mg/L)，并打印实验图表和分析结果。

六、注意事项

(1) 啤酒用酸水解处理时，容易引起嘌呤类化合物的降解，所以样品处理时要控制加入酸的量，处理后及时测定。

(2) 流动相要现配现用，并且要脱气和过膜。

(3) α 酸标准溶液色谱图出现多个峰，代表不同的 α 酸物质，如加葎草酮和辅葎草酮、蛇麻酮等，多个峰面积加和作为 α 酸标准曲线的峰面积，进行线性拟合，将啤酒样品色谱图与之对照，同样进行面积加和，计算 α 酸的含量。

七、问题讨论

(1) 阐述嘌呤和 α 酸在 C_{18} 色谱柱中分离的机制。

(2) 说明单一标准溶液和混合标准溶液用于绘制标准曲线的区别。

第 8 章　设计研究性实验

实验 67　舒肝宁注射液成分分析

一、实验目的

(1) 了解舒肝宁注射液的基本成分。
(2) 学习中药制剂质量控制方法。
(3) 熟悉复杂样品成分分析的基本思路。
(4) 培养查阅文献、设计实验方案和解决实际问题的基本科研能力和素质。

二、实验要求

通过查阅相关文献，了解舒肝宁注射液样品的基本组成，根据样品性质和实验要求提出实验原理，合理设计实验步骤，写出完整的实验方案，完成对舒肝宁的成分分析。

实验报告包括实验目的、实验原理、实验仪器和试剂、实验步骤和数据处理等。

三、指导提示

舒肝宁注射液是由茵陈提取物、栀子提取物、板蓝根提取物、灵芝提取物和黄芩苷等制备而成，具有清热解毒、益气扶正和保肝护肝等作用，临床上主要用于治疗急慢性病毒性肝炎。为了保证药效和用药安全，需要对舒肝宁注射液成分进行分析评价。

根据舒肝宁注射液的组成，筛选出关键药效成分，用高效液相色谱法进行分离分析，检测药物的主要成分含量。

实验 68　人参有效成分的分离、鉴定和定量分析

一、实验目的

(1) 了解中药的基本知识。
(2) 熟悉中药等实际复杂样品的预处理方法。
(3) 学习根据实际样品性质选择合适的结构分析和定量分析方法。

二、实验要求

通过查阅相关文献，了解人参的基本化学成分，确定其具有生物活性的主要有效成分，根据样品性质和有效成分的结构特点，选择合适的样品提取方法和定性、定量分析方法，提出实验原理，设计科学可行的实验步骤，写出具体的实验方案，完成对人参有效成分的定性和定量分析。

实验报告包括实验目的、实验原理、实验仪器和试剂、实验步骤和数据处理等。

三、指导提示

作为一种常见的天然中药材和保健食物，人参样品的组成十分复杂，但其生物活性

成分已经被确定，即人参皂苷。

人参皂苷结构多样，是人参的有效部分，可以根据该类化合物的结构性质，选择合适的提取溶剂和提取方法，使用高选择性和高灵敏度的液相色谱或联用方法进行定性和定量分析。

实验 69　聚苯胺修饰电极的制备及应用

一、实验目的

(1) 学习电极表面聚合物修饰的实验原理和方法。

(2) 熟悉电极表面修饰的实验技术。

(3) 培养查阅文献设计实验方案而解决实际问题的基本科研能力和素质。

二、实验要求

学习修饰电极的基本原理和应用，选择苯胺为单体，通过循环伏安法进行惰性电极的表面聚合修饰，实现电极的高选择性和高灵敏度。

优化聚合物修饰的实验条件，制备合适的修饰电极。根据修饰电极的结构特征，选择分析物进行电极的应用研究，建立定量分析方法并进行方法的考察，包括研究修饰电极的稳定性和重现性，以及定量分析方法的选择性、准确度和灵敏度等。

实验报告包括实验目的、实验原理、实验仪器和试剂、实验步骤和数据处理等。

三、指导提示

参考相关文献，了解修饰电极的种类、制备方法技术和基本应用。重点学习聚合物表面修饰电极的聚合制备过程，包括溶液组成和循环次数等。

实验 70　鲜花挥发性成分分析

一、实验目的

(1) 学习鲜花等样品挥发性成分的提取方法。

(2) 学习实际复杂样品多组分定性和定量分析方法。

二、实验要求

选择一种鲜花，如玫瑰花或栀子花等，查阅这些鲜花的挥发性成分，根据有效成分性质选择合适的提取方法，设计提取方案并实施。

根据鲜花挥发性成分的性质，选择合适的定性和定量分析方法，优化分析条件，实现成分分析。

实验报告包括实验目的、实验原理、实验仪器和试剂、实验步骤和数据处理等。

三、指导提示

鲜花中的挥发性成分萃取剂的选择依据组分的性质，而且挥发性成分组成复杂，需要采用 GC-MS 联用仪进行成分的定性和定量分析。

参 考 文 献

白玲, 石国荣, 罗盛旭. 2010. 仪器分析实验. 北京: 化学工业出版社

蔡火操, 吴琼, 王升富. 2001. 化学技术基础实验教程. 武汉: 湖北科学技术出版社

陈国松, 陈昌云. 2010. 仪器分析实验. 南京: 南京大学出版社

陈培榕, 邓勃. 1999. 现代仪器分析实验与技术. 北京: 清华大学出版社

陈万明. 2005. 重金属原子吸收分析中的干扰及消除. 长沙: 湖南农业大学硕士学位论文

陈欣, 包晓玉. 2003. 芦丁在玻碳电极上的电化学行为研究. 南阳师范学院学报(自然科学版), 2(3): 34-36

胡坪. 2016. 仪器分析实验. 北京: 高等教育出版社

黄丽英. 2014. 仪器分析实验指导. 厦门: 厦门大学出版社

黄沛力, 张海燕, 茅力. 2015. 仪器分析实验. 北京: 人民卫生出版社

蒋辉云, 郭霞, 汤根平, 等. 2012, 石墨炉原子吸收法测定湘江水中的钡. 湖南工业大学学报, 26(5): 106-108

柳仁民. 2009. 仪器分析实验. 青岛: 中国海洋大学出版社

陆光汉. 2000. 电分析化学实验. 武汉: 华中师范大学出版社

毛秋平, 梁向晖, 钟伟强. 2016. 浅谈等离子体原子发射光谱仪的维护保养. 实验科学与技术, 14(3): 219-222

钱宗耀, 李炳奇, 刘红, 等. 2007. 芦丁的电化学伏安行为及其应用. 电化学, 13(4): 415-419

首都师范大学《仪器分析实验》教材编写组. 2016. 仪器分析实验. 北京: 科学出版社

苏克曼, 张济新. 2005. 仪器分析实验. 北京: 高等教育出版社

孙尔康, 张剑荣. 2009. 仪器分析实验. 南京: 南京大学出版社

孙伟, 王丹, 张媛媛, 等. 2013. 电化学沉积纳米金和石墨烯修饰离子液体碳糊电极测定芦丁的研究. 分析化学, 41(5): 709-713

索耶 D T. 1989. 仪器分析实验. 倪君蒂等译. 南京: 南京大学出版社

唐仕荣. 2016. 仪器分析实验. 北京: 化学工业出版社

万其进, 喻德忠, 冉国芳. 2012. 仪器分析实验. 北京: 化学工业出版社

汪正范. 2000. 色谱定性与定量. 北京: 化学工业出版社

吴烈钧. 2000. 气相色谱检测方法. 北京: 化学工业出版社

吴性良, 孔继烈. 2010. 分析化学原理. 北京: 化学工业出版社

肖新峰, 段夕强, 张星刚, 等. 2010. 微波消解-石墨炉原子吸收光谱法测定茶叶中的铅. 化学研究与应用, 22(11): 1459-1461

徐春祥, 赵云, 朱晓军. 2008. ICP-OES 同时测定婴幼儿营养食品中的 14 种元素. 光谱实验室, 25(3): 356-358

杨海英, 郭俊明, 王红斌, 等. 2015. 仪器分析实验. 北京: 科学出版社

杨孙楷. 2001. 仪器分析实验. 厦门: 厦门大学出版社

杨万龙, 李文友. 2008. 仪器分析实验. 北京: 科学出版社
杨运发. 1996. 芦丁在玻碳电极上的阳极伏安行为及其测定. 分析化学, 24(11): 1277-1280
郁桂云, 钱晓荣. 2015. 仪器分析实验教程. 上海: 华东理工大学出版社
张剑荣, 戚苓, 方惠群. 2002. 仪器分析实验. 北京: 科学出版社
张剑荣, 余晓冬, 屠一锋. 2009. 仪器分析实验. 2 版. 北京: 科学出版社
张亚, 杜芳艳, 严彪, 等. 2012. 芦丁在纳米金修饰玻碳电极上的电化学行为及其测定. 分析试验室, 31(1): 68-71
张亚锋, 陈伟, 吴萍, 等. 2005. 芦丁的差示脉冲伏安法测定. 化学研究, 16(3): 84-86
郑国庚, 李美. 2011. 微波消解石墨炉原子吸收光谱法测定茶叶中镍. 安徽农业科学, 39(19): 11924-11941
中华人民共和国国家进出口商品检验局. 1986. 农药残留量气相色谱法. 北京: 中国对外经济贸易出版社
GB 5413. 21—2010. 食品安全国家标准 婴幼儿食品和乳品中钙、铁、锌、钠、钾、镁、铜和锰的测定
GB/T 2366—2008. 化工产品中水含量的测定 气相色谱法
GB/T 5900. 138—2003. 食品中镍的测定
HJ 602—2011. 水质 钡的测定 石墨炉原子吸收分光光度法

附 录

附表一 相对原子质量(2005 年)

元素		相对原子质量	元素		相对原子质量	元素		相对原子质量
符号	名称		符号	名称		符号	名称	
Ag	银	107.868 2	He	氦	4.002 602	Pt	铂	195.084
Al	铝	26.981 538 6	Hf	铪	178.49	Rb	铷	85.467 8
Ar	氩	39.948	Hg	汞	200.59	Re	铼	186.207
As	砷	74.921 60	Ho	钬	164.930 32	Rh	铑	102.905 50
Au	金	196.966 569	I	碘	126.904 47	Ru	钌	101.07
B	硼	10.811	In	铟	114.818	S	硫	32.065
Ba	钡	137.327	Ir	铱	192.217	Sb	锑	121.760
Be	铍	9.012 182	K	钾	39.098 3	Sc	钪	44.955 912
Bi	铋	208.980 40	Kr	氪	83.798	Se	硒	78.96
Br	溴	79.904	La	镧	138.905 47	Si	硅	28.085 5
C	碳	12.017	Li	锂	6.941	Sn	锡	118.710
Ca	钙	40.078	Lu	镥	174.967	Sr	锶	87.62
Cd	镉	112.411	Mg	镁	24.305 0	Ta	钽	180.947 88
Ce	铈	140.116	Mn	锰	54.938 045	Te	碲	127.60
Cl	氯	35.453	Mo	钼	95.94	Th	钍	232.038 06
Co	钴	58.933195	N	氮	14.006 7	Ti	钛	47.867
Cr	铬	51.996 1	Na	钠	22.989 769 28	Tl	铊	204.383 3
Cs	铯	132.905 451 9	Nb	铌	92.906 38	Tm	铥	168.934 21
Cu	铜	63.546	Nd	钕	144.242	U	铀	238.028 91
Dy	镝	162.500	Ne	氖	20.179 7	V	钒	50.9415
Er	铒	167.259	Ni	镍	58.693 4	W	钨	183.85
F	氟	18.998 403	O	氧	15.999 4	Xe	氙	131.293
Fe	铁	55.845	Os	锇	190.23	Y	钇	88.905 85
Ga	镓	69.723	P	磷	30.973 762	Yb	镱	173.04
Ge	锗	72.64	Pb	铅	207.2	Zn	锌	65.409
H	氢	1.007 94	Pd	钯	106.42	Zr	锆	91.224
Eu	铕	151.964	Pr	镨	140.907 65	Sm	钐	150.36
Gd	钆	157.25	Tb	铽	158.925 35			

附表二 常用化合物的相对分子质量

分子式	相对分子质量	分子式	相对分子质量
$AgBr$	187.78	FeO	71.85
$AgCl$	143.32	Fe_2O_3	159.69
AgI	234.77	Fe_3O_4	231.54
$AgCN$	133.84	$FeSO_4 \cdot 7H_2O$	278.02
$AgNO_3$	169.87	$Fe_2(SO_4)_3$	399.87
Al_2O_3	101.96	$FeSO_4 \cdot (NH_4)_2SO_4 \cdot 6H_2O$	392.14
$Al_2(SO_4)_3$	342.15	$NH_4Fe(SO_4)_2 \cdot 12H_2O$	482.19
As_2O_3	197.84	$HCHO$	30.03
$BaCl_2$	208.25	$HCOOH$	46.03
$BaCl_2 \cdot 2H_2O$	244.28	$H_2C_2O_4$	90.04
$BaCO_3$	197.35	HCl	36.46
BaO	153.34	$HClO_4$	100.46
$Ba(OH)_2$	171.36	HNO_2	47.01
$BaSO_4$	233.40	HNO_3	63.01
$CaCO_3$	100.09	H_2O	18.02
CaC_2O_4	128.10	H_2O_2	34.02
CaO	56.08	H_3PO_4	98.00
$Ca(OH)_2$	74.09	H_2S	34.08
$CaSO_4$	136.14	HF	20.01
$Ce(SO_4)_2$	333.25	HCN	27.03
$Ce(SO_4)_2 \cdot 2(NH_4)_2SO_4 \cdot 2H_2O$	632.56	H_2SO_4	98.08
CO_2	44.01	$HgCl_2$	271.50
CH_3COOH	60.05	KBr	119.01
$C_6H_8O_7 \cdot H_2O$(柠檬酸)	210.14	$KBrO_3$	167.01
$C_4H_8O_6$(酒石酸)	150.09	KCl	74.56
CH_3COCH_3	58.08	K_2CO_3	138.21
C_6H_5OH	94.11	KCN	65.12
$C_2H_2(COOH)_2$(丁烯二酸)	116.07	K_2CrO_4	194.20
CuO	79.54	$K_2Cr_2O_7$	294.19
$CuSO_4$	159.60	$KHC_8H_4O_4$	204.23
$CuSO_4 \cdot 5H_2O$	249.68	KI	166.01
$CuSCN$	121.62	KIO_3	214.00

续表

分子式	相对分子质量	分子式	相对分子质量
$KMnO_4$	158.04	Na_2O	61.98
K_2O	94.20	NaOH	40.01
KOH	56.11	Na_2SO_4	142.04
KSCN	97.18	$Na_2S_2O_3\cdot 5H_2O$	248.18
K_2SO_4	174.26	Na_2SiF_6	188.06
$KAl(SO_4)_2\cdot 12H_2O$	474.39	Na_2S	78.04
KNO_2	85.10	Na_2SO_3	126.04
$K_4Fe(CN)_6$	368.36	NH_4Cl	53.49
$K_3Fe(CN)_6$	329.26	NH_3	17.03
$MgCl_2\cdot 6H_2O$	203.23	$NH_3\cdot H_2O$	35.05
$MgCO_3$	84.32	$(NH_4)_2SO_4$	132.14
MgO	40.31	P_2O_5	141.95
$MgNH_4PO_4$	137.33	PbO_2	239.19
$Mg_2P_2O_7$	222.56	$PbCrO_4$	323.18
MnO_2	86.94	SiF_4	104.08
$Na_2B_4O_7\cdot 10H_2O$	381.37	SiO_2	60.08
NaBr	102.90	SO_2	64.06
Na_2CO_3	105.99	SO_3	80.06
$Na_2C_2O_4$	134.00	$SnCl_2$	189.60
NaCl	58.44	TiO_2	79.90
NaCN	49.01	ZnO	81.37
$Na_2C_{10}O_8N_2\cdot 2H_2O$	372.09	$ZnSO_4\cdot 7H_2O$	287.54